U0664335

Meconopsis punicea

观本草以知岁时
查荣枯而悟天道

Primula sinoplantaginea
Primula tangutica

花园时光 TIME
GARDEN

山野草木绘真①

True Portraits of Chinese Wild Plants

解密草木的荒野生态密码

中国林业出版社
China Forestry Publishing House

Commelina communis

总策划

花园时光工作室

科学性审核

总审：刘冰（中国科学院植物研究所）

手绘图审核：卢元（西安植物园）

主编

赵芳儿

手绘

出离　李小东

撰稿

刘晓霞 何小書 骆会欣 蔡丸子 赵芳儿 田林源

Oyama sinensis

山野草木绘真——
又探华夏大地之生命密码

草木无言，自有春秋。

中国古人“观草木以知岁时，察荣枯而悟天道”。从《诗经》“采采卷耳”的吟咏，到《本草纲目》“草木有灵”的慨叹，再到沈括《梦溪笔谈》中对植物物候的精密记录，华夏文明始终与草木保持着深沉的对话。然而在这个数字化的时代，人们习惯用手机识别一朵花的名字，却鲜少驻足凝视一片叶脉的走向；能背诵“蒹葭苍苍”的诗句，却未必识得水畔摇曳的芦苇。当全球化浪潮席卷植物图谱，当园艺市场追捧异域奇花，那些生于斯长于斯的中国草木，正在经历一场静默的身份危机——它们或是被冠以“杂草”之名遭人铲除，或是在文化记忆中逐渐褪色。

这部《山野草木绘真》，正是为这些“沉默的大多数”而作。我们以科学画的理性之眼与人文笔触的感性之心，重拾 300 种中国植物的生命叙事。这不是一本传统意义上的图鉴，而是一场跨越时空的植物文明考古：每一幅科学画都是对“中国植物基因”的显微解码，每一段文字都是对“草木文明史”的深情注脚。

科学博物画：东方草木的视觉史诗

当 18 世纪欧洲探险家用画笔勾勒出第一朵中国山茶时，他们或许未曾想到，这些来自东方的植物将以何等磅礴之势重塑世界园林版图。从亨利·威尔逊在岷江峡谷采集的绿绒蒿，到亨利·威尔逊为西方引种的珙桐，“中国——世界园林之母”的赞誉背后，是无数本土植物跨越重洋的远征史。遗憾的是，在这场植物大迁徙中，西方科学画师用画笔定格了它们的形态之美，而中国本土的植物学绘图体系，却长期缺席于世界现代博物学的叙事舞台。科学画不同于艺术创作的自由挥洒，它要求绘制者以科研的严谨，呈现植物器官的拓扑结构、生长规律与生态特征。本书收录的 300 幅作品，延续了博物画家曾孝濂先生“为大自然创作身份证”的工笔精神：蒲公英种子的冠毛并非浪漫的伞状结构，而是经过空气动力学优化的飞行器；车前草的穗状花序在放大镜下显露出精密排列的受粉策略；就连最不起眼的狗尾草，其小穗基部的刚毛角度都暗藏着抗倒伏的生存智慧。这些画作既是对西方博物绘画传统的致敬，更是中国植物学本土化表达的觉醒——我们不再满足于做他者视角下的“植物标本”，而要建立属于东方的草木视觉谱系。

野草文明：土地书写的生存哲学

本书刻意回避了那些声名显赫的观赏名卉，将镜头对准山野深林、田间地头、墙缝石隙间的“野生阶层”。它们中有很多因为工业化的副作用面临消失、亟待保护——一种植物的消失，可能引发多米诺效应，导致一整条生态链的消失。有的被视为需要清除的“入侵者”，却鲜有人知：一株成熟稗草能产 13 万粒种子，其基因组的抗逆性研究正在革新水稻育种；葎草的倒钩刺微观结构，曾启发仿生学中的抓附装置设计；马齿苋光合途径的突破，甚至为火星农业提供了想象空间。在植物学家眼中，没有所谓的“杂草”，只有尚未破解的生命密码。

而在文化维度上，这些野草更是中华文明的“活化石”。《诗经》305篇中竟有135篇提及草木，其中多数正是本书收录的寻常物种：“采采芣苢”中的车前草，曾是周代先民的救灾粮；“葛生蒙楚”中的葛藤，其纤维编织出仰韶文化的第一缕布帛。当我们用电子显微镜观察益母草的腺毛时，也在与《救荒本草》中的古人共享同一种发现的目光；当我们在实验室分析青蒿素的化学结构时，屠呦呦团队正是从东晋《肘后备急方》中获得灵感。这种科学与人文的双向叩问，构成了本书创作的灵魂。

从植物学到植物人文

在四川宝兴县，法国传教士阿尔芒·戴维发现大熊猫的那片山林里，一种名叫“珙桐”的花正悄然开放。1869 年的那个春天，戴维将它的标本寄往巴黎自然历史博物馆，从此西方植物志上多了一个物种‘*Davidia involucrata*’。而在当地羌族的口传医典中，这种植物被称为“鸽子树”，果实可被用来治疗热毒肿痛。本书学名与中文名并列，文中还列出了各地民间叫法，正是试图打破这种认知的割裂——我们既要用国际通用的科学语言与世界对话，也要守护草木在乡土社会中生长的文化根系。

百合既是药材，也是食材，还是观赏植物，又是蜜源植物……关于对这些植物的分类，我们发现，无论采用哪种方式，都有缺憾。最后我们采用了多元混合的方法——在章节的呈现上，按照植物对生态的影响、植物与人的关系分为两大类，在此基础上再进行细分。具体到每种植物，我们设置了多类别的标签，通过标签，您可以了解到它们的多重身份和价值，也算是弥补前面“一分为二”的武断。我们深知，这样的分类方式依然不完美，但生命本身就是如此，其复杂性注定我们没法用非黑即白的方式来审视它们。

致读者：重建与土地的连结

2023 年，北京迎来初雪之际，在我们联合檀谷“单向空间”举办的“植愈”主题的山野草木科学画展览上，6 岁的小女孩指着“酢浆草”展签上的文字对妈妈说：“呀，它的叶子晚上就合起来了，就像我们晚上也要睡觉一样”；有网友留言说，欣赏这些“山野草木”的美，看到对它们的解读，就突然理解了苏轼“一蓑烟雨任平生”的意境。……这类反馈让我们确信：对本土植物的认知，本质上是人对自身文化基因的辨认；而对一株野草的凝视，可能成为对抗自然缺失症的精神处方。

谨以本书献给所有曾被蒲公英绊住目光的孩童，所有在《植物大战僵尸》中种植过豌豆射手的青年，所有在公园里争论“这是不是鲁迅写的覆盆子”的老者。愿这些科学画作能成为你们书桌上的“微型植物园”，愿这些文字能织就连接古今的葛藤。当我们学会用新的目光注视脚下的土地，或许会发现：每一株倔强生长的山野草木，都是中国大地上永不落幕的生命史诗。

花园时光工作室
2025 年 3 月

目录 | Contents

213 入侵植物

279 蜜源植物

六重生态角色 × 科学手绘图谱
看一株草如何讲述土地的呼吸与痛

01

珍稀植物

每一株险遭灭绝的草本，都是地球生命史的手写孤本

生命方舟
守护濒危植物的最后防线

在云南高黎贡山的悬崖上，一株华盖木（*Pachylarnax sinica*）绽放出乳白色花朵，这是它历经上亿年存活至今的奇迹，也是全球现存不足50株的绝境宣言。从热带雨林到高原雪山，无数植物正以每年3种的速度走向灭绝。这些濒危植物如同自然界的“活化石”，承载着独特的基因密码与生态使命。

悬崖边的舞者：濒危植物的生存特质

濒危植物往往在极端环境中演化出精妙的生存策略，却也成为其致命弱点。

1. 生态位极端特化：百山祖冷杉（*Abies beshanzuensis*）仅存3株于浙江1800米山脊，其种子必须经历零下15℃的低温才能萌发；很多植物有特定的传粉昆虫，二者共生关系一旦打破，种群即刻崩溃。

2. 繁殖系统精密脆弱：大花杓兰的唇瓣特化成囊状口袋，高度依赖熊蜂蜂王传粉，授粉成功率不足5%；银杉的雄球花与雌球花成熟期不一致，自然结实率极低。

3. 生长周期漫长：如银杏从幼苗到首次开花需20～35年，这类植物的更新速度往往赶不上环境变化。

这些特质如同双刃剑，在稳定环境中是生存优势，面对剧变时却成为灭绝诱因。

基因库的守护者：濒危植物价值重估

每消失一种植物，都意味着人类永久失去了一座潜在的“宝库”。这种损失不仅限于物种本身，更涉及生态、经济、科研乃至文化价值的不可逆消亡。据不完全统计，我国有80%的中成药和大部分保健品原料来自野生植物，全世界约有30亿人口使用的医药产品来源于野生植物。许多农作物野生近缘种（如野生水稻）携带抗病抗旱基因，是粮食安全的天然保障，它们的消失会削弱人类应对气候变化的育种能力。再者，特有植物如云南的珙桐、银杏等活化石，其独特的生态位和演化历史一旦中断，将导致相关昆虫、微生物等几十种共生生物连锁灭绝。同时，一种植物的灭绝，意味着其承载的文化价值随之湮灭，中国的梅、兰，希腊的月桂和橡树……其消失等同于抹去一个民族的精神图腾。

然而，数十年来，由于人口的快速增长及经济的高速发展，全球野生植物生存环境日益恶化，掠夺式的开发利用使许多野生植物资源日渐枯竭。根据我国自然资源科学调查所积累的大量资料初步统计，目前我国生存受到威胁的野生植物估计超过 4000 种，其中约 1000 多种处于濒危状态，受威胁的种类占全部种类的 15% 至 20%。

全民守护行动：构建生命“诺亚方舟”

在这场无声的灭绝危机中，人类正与时间赛跑，开启了拯救植物的行动。全球已建立超过 2.5 万个自然保护区，覆盖 18% 陆地面积。中国有 200 多家植物园，它们都是植物迁地保育机构，如昆明植物园全园共收集保存活体植物超过一万种（含品种）。

除此之外，中国西南野生生物种质资源库储存 10 万份种质。中国科学院利用组培技术使仅存 3 株的百山祖冷杉实现人工繁殖，成活幼苗超 5000 株。《濒危野生动植物种国际贸易公约》将多种植物列入保护名录……

Meconopsis punicea

中国『红衣仙子』

01

红花绿绒蒿

罂粟科绿绒蒿属　多年生草本
高 30 ~ 75cm　花期 6 ~ 9 月
珍稀植物 / 药用 / 高海拔山坡草地

红花绿绒蒿是高山上的“矛盾体”，它既美得让人心颤，又活得像个苦行僧，用最娇弱的外表在最残酷的环境里称王。它专门挑海拔 3000 米以上的雪山、悬崖石缝安家（青藏高原特有种），常年和寒风、冰雹、紫外线“硬刚”。浑身长满金色或铁锈色硬毛，像披了件防风的貂绒大衣，连花茎都毛茸茸的，这是它防冻防干燥的资本。

花瓣像薄纱一样半透明，但摸起来却有丝绸的滑溜感，花瓣边缘还带波浪卷，妥妥的“自然烫发”。颜色随着温度从艳红到玫红渐变，花心雄蕊像一把金色的“小刷子”，远看像雪地里燃起的小火苗。虽然花朵娇艳欲滴，但叶子像莲花座一样贴地趴着，莲座状基生叶像颗大包菜，完美躲避狂风。

它一生只开一次花，高原夏天短得让人心焦，它必须在 7 ~ 10 天内火速完成开花、结果、撒种。它的花朵永远朝太阳 45 度角，不是自恋，是为了让阳光精准聚焦花蕊，给传粉昆虫开“恒温暖气”。种子成熟后整株便枯死。但种子能休眠多年，等到合适的极端环境再发芽。人工极难栽培，离开高寒、强紫外线、贫瘠的“地狱模式”环境，立刻蔫儿给你看。

藏族传说里，它是度母（女神）的眼泪化成，象征绝境中的希望，比雪莲更神秘珍贵。其花茎及果入药，有镇痛止咳、固涩、抗菌的功效，治遗精、白带、肝硬化。因为生长环境特殊，数量稀少，被列入《国家重点保护野生植物名录》（二级）中。下次在高原遇见它，请遵守“三不原则”——不摸、不挖、不发定位。

Cypripedium tibeticum

海拔4000米的『高冷女神』

02

兰科杓兰属　地生植物
高 15 ~ 35cm　花期 5 ~ 8 月
珍稀植物 / 观赏 药用 / 高山草甸 林间草地

西藏杓兰

在西藏有一种植物，相传是雪山女神的化身，只要能够找到它，就能得到女神的庇佑，拥有幸福与安康，它就是西藏杓兰。

西藏杓兰生长在雪域高原，也被誉为“仙女的拖鞋”。这个别称源自其独特的花朵造型，深囊状的唇瓣，像极了仙女遗落人间的拖鞋，这也正好契合它的属名的内涵——维纳斯女神的拖鞋。

能在高原生存的植物都自带黑科技。西藏杓兰深紫色唇瓣自带紫外线过滤功能，相当于涂了防晒霜；囊状花朵囊口周围有白色或浅色的圈，这种独特的结构是它诱惑传粉者的秘密武器，诱导熊蜂钻入，强迫完成传粉；全身长满防寒茸毛，像穿了貂皮大衣。它的花色会随着海拔变化，从紫红到近黑色自由切换。

不仅美得出奇，西藏杓兰的根状茎在传统医学中被用来利水消肿、祛风活血，具有重要的药用价值。它的存在不仅为高原的生态系统增添了多样性，也为人类健康提供了宝贵的资源。现在，西藏杓兰变得越来越珍稀，一般只有到甘肃、四川、贵州、云南和西藏等地的高山草甸、林间草地方能觅其踪迹。

Cypripedium macranthos

03

我有世上最美的『大口袋』

大花杓兰

兰科杓兰属　地生植物
高 30 ~ 50cm　花期 6 ~ 7 月
珍稀植物 / 观赏 / 林下

大花杓兰又名“大口袋兰”，被誉为“中国北方地区最美丽的兰花”。它与西藏杓兰一样，最显著的特征就是有一个花瓣特化为囊状，酷似一个口小肚大的囊袋，两朵花并列的时候就像一对拖鞋。

大花杓兰叶呈椭圆形或椭圆状卵形，花序顶生，花一般呈紫色、红色或粉红色，常有暗色脉纹。蒴果窄椭圆形，长约 4 厘米，无毛，果期 8 ~ 9 月。

大花杓兰的花囊有一个非常重要的作用，就是传粉，这个花囊就像一个特别配置的陷阱，昆虫只要落入陷阱就只有按照预设好的路线前进才能逃脱，在逃脱的过程中就帮大花杓兰完成了授粉。直到今天，科学家都没有在杓兰的花朵上发现任何对昆虫有用的物质，虫子们钻进花朵完全是因为大花杓兰高超的狩猎技术。

大花杓兰对生长环境的要求严苛，只有满足充足的水分供应、排水良好的土壤、昼夜温差大、空气湿度大且空气流通好等条件时才能生长良好。目前，北方自然分布的大花杓兰野生种群已濒临灭绝，因此被列为国家二级濒危保护植物，还被列入《华盛顿公约》（CITES）附录 II，其国际贸易受严格限制。此外，它在《世界自然保护联盟濒危物种红色名录》（IUCN）中被评为濒危（EN）等级。

Paphiopedilum gratrixianum

一身『高定服装』很惹眼

04

兰科兜兰属　地生或半附生植物
高 15 ~ 30cm　花期 9 ~ 12 月
珍稀植物 / 观赏 / 高山草甸

瑰丽兜兰

瑰丽兜兰形状奇特别致，像穿着一身“高定服装”的模特，极具观赏价值，也是培育新品种的卓越亲本之一。其叶片青翠细长，油亮碧绿，花葶直立高大，花朵淡褐色的唇瓣深兜状；背萼发达，呈扁圆形或倒心形，非常显眼，并且花期长。与其他兜兰相比，瑰丽兜兰最明显的特点就是中萼片上有明显的紫色斑点，非常容易辨识。

瑰丽兜兰又名格力兜兰，但跟和它同名的企业没有一点关联，而是其种加词 gratrixianum 的简单音译。

由于多种原因的影响，瑰丽兜兰的野生种群越来越少。在我国，瑰丽兜兰被列为国家一级重点保护野生植物，同时在《濒危野生动植物种国际贸易公约》（CITES）中被列为附录Ⅰ，禁止一切国际间贸易。近年，在云南无量山海拔 1800 多米处，发现百余株瑰丽兜兰组成的种群，很是难得，这也说明了我国云南的生态环境十分适合野生兜兰的生存。

Cypripedium guttatum

05

珍稀的高山紫精灵

紫点杓兰

兰科杓兰属　地生植物
高 15 ~ 25cm　花期 5 ~ 7 月
珍稀植物 / 观赏 / 林下灌丛草地

紫点杓兰身材娇小，身高才 20 厘米左右。在野外具有较高的辨识度，仅在茎的中部生出两枚叶片，白色花瓣上有紫色斑点，远远看去就如同一只可爱的紫色蝴蝶停留在那里，所以又名斑花杓兰。花朵具有拖鞋样式的唇瓣，也被亲切地称为“拖鞋兰”。

杓兰都是依靠诱骗昆虫来传粉的。紫点杓兰对生长环境要求较高，一方面要求土壤水分充足，另一方面又需要排水良好。它的生长环境海拔跨度较大，分布于海拔 500 ~ 4000 米的林下、灌丛或草地。

其药用具有镇静止痛、发汗解热的功效，主要用于治疗神经衰弱、癫痫、小儿高热、惊厥、头痛和胃脘痛等疾病。

紫点杓兰还是培育杓兰花卉新品种的重要种质资源。我国作为杓兰属种类最丰富的国家，保护其野生资源的责任十分重大，面临的保育任务也十分艰巨，它已被列入《国家重点保护野生植物名录》（二级），在国际上它同样受到关注，被列入《华盛顿公约》（CITES）附录 II，国际贸易受限，同时还被《世界自然保护联盟濒危物种红色目录》（IUCN）评为濒危（EN）等级。若您在野外发现了它，还请记得不要随意采摘，共同守护我们的“女神”。

Oyama sinensis

天女开始
散花啦

06

圆叶天女花

木兰科天女花属　落叶灌木
高达 6m　花期 5 ~ 6 月
珍稀植物 / 观赏 药用 / 林间

圆叶天女花是木兰科天女花属落叶灌木，为我国《国家重点保护野生植物名录》——二级保护物种。原本只在中国四川天全、芦山、汶川等地区海拔 2600 米的林间有分布。因自然植被破坏严重，植株日渐稀少。2023 年 6 月在贵州雷公山发现了十多株正在开花的圆叶天女花，这无疑是个好消息。

圆叶天女花的花叶同发，5、6 月开花季，芳香四溢，其白色花朵在绿叶的衬托下十分漂亮，初开时下垂，为杯状，盛开时呈碟状，花瓣洁白，花丝紫红色，中间有绿色的狭倒卵状椭圆体形的雌蕊，极具观赏性。9 ~ 10 月结出橘红色的果实。

圆叶天女花是木兰属较原始的种，花、叶、果俱美，可引种栽培作园林观赏植物。其树皮可代厚朴药用。同时，其对研究该属植物的系统发育有重要科研价值。

Geodorum eulophioides

泥里长出来的兰科『贵族』

07

贵州地宝兰

兰科地宝兰属　地生植物
高 10 ~ 20cm　花期 12 月
珍稀植物 / 指示 观赏 药用 / 溪谷旁

修长的花葶从植株基部叶鞘中发出，径直向上 20~30 厘米，顶端开出数朵玫瑰红的花，朝着阳光充足的方向，犹如天鹅颈项般娴静优雅……这种花就是贵州地宝兰，被《中国物种红色名录》列入濒危（CR）等级。

为什么叫贵州地宝兰？原来，这种花是 1921 年由德国植物分类学家斯彻莱彻特（Schlechter）在贵州省罗甸县首次发现的。不过，在首次被发现后，它就和世人玩起了捉迷藏——此后 80 多年间，人们都没有在野外再次发现它。2004 年，贵州地宝兰在广西雅长保护区被重新发现，一度轰动了植物学界。

与其他兰科家族的成员攀岩附树的习性不一样，贵州地宝兰是地生的。它生境狭窄，仅分布于我国贵州、广西、云南三省自治区部分地区，生长于海拔 600 米溪谷、公路、草地旁。由于对生境的要求严格、种群数量稀少，加之栖息地破坏等原因，贵州地宝兰野外分布十分有限，广西雅长的分布区域内种群数量不超过 400 株。

贵州地宝兰作为我国特有的兰花种类，不仅具有较高的观赏价值，其种群研究对研究稀有濒危的兰科植物系统发育、环境、气候、共生真菌、传粉昆虫等均具有重要的科学意义。

Paris polyphylla

山林解毒圣手

08

七叶一枝花

藜芦科重楼属　多年生草本
高 35 ～ 100cm　花期 4 ～ 6 月
珍稀植物 / 观赏 药用 / 林下灌丛

七叶一枝花，又名七叶莲，算是植物中的异类。它最大的特征就是由一圈轮生的叶子中冒出一朵花，而稀奇的是这花的形状像极了它的叶子。花可以分为两个部分，外轮花及内轮花。外轮花与叶子很像，内轮花线形，有时带有短爪，黄绿色。子房为紫色，果实近似球形，呈绿色。由于其一茎一般七片叶子，因此得名七叶一枝花。

这种植物喜欢生长在山坡林下及灌丛阴湿处，多见于海拔 1800 ～ 3200 米的林下，在我国分布于西藏东南部、云南、四川和贵州等地。值得一提的是，野生的七叶一枝花因为药用价值很高，而被过度采挖，现在已经被列为《国家重点保护野生植物名录》，成为国家二级保护野生植物，同时它也被《世界自然保护保护联盟濒危物种红色名录》（IUCN）列为濒危（EN）等级。

很多人知道七叶一枝花，也是因为它的药用价值。在民间还有“七叶一枝花，深山在我家。痈疽如遇此，一次手拈拿”“七叶一枝花，无名肿毒一把抓”等俗语广为流传。

《本经》中记载，七叶一枝花具有清热解毒、消肿止痛的功效，常用于治疗流行性乙型脑炎、阑尾炎、扁桃体炎、腮腺炎、乳腺炎以及蛇虫咬伤和疮疡肿毒等疾病。七叶一枝花的株形非常奇特，可以种植于稀树草丛下和林缘作为地被植物。

Paris verticillata

叶一重来
花一重

09

北重楼

藜芦科重楼属　多年生草本
高 25 ~ 60cm　花期 5 ~ 6 月
珍稀植物 / 观赏 药用 / 北方广布

重楼属植物在我国有二十多种，都是被关注保护的。重楼之名，因其直立茎上一圈叶，茎顶一枝花，仿如二重楼台。还有一种解释，是说它多年生的根状茎重重叠叠，状如重楼。而北重楼，主要分布地在北方。我国东北、华北、西北都有，但四川、安徽、江浙（天目山）等地也有。

北重楼属藜芦科重楼属，高可达 60 厘米，根状茎细长，茎绿白色，有时带紫色，叶轮生。外轮花被片绿色，极少带紫色，叶状，像小一号的叶子，通常四片，内轮花被片黄绿色，条形。花丝基部稍扁平，子房近球形，紫褐色。

北重楼没有夺目的“花”色，完全依凭绿色叶和花的“重楼”散发出的神秘气息吸引人。这“叶一重，花一重”的重楼，据研究，不靠动物传粉，而是靠风。

北重楼的根状茎可以入药，味道苦，性寒，有一定毒性，具有清热解毒、散瘀消肿等功效，可用于治疗高热抽搐、咽喉肿痛、痈疖肿毒、毒蛇咬伤等症状，民间常用鲜根外敷毒蛇咬伤。此外，它的叶序排列独特，也可以用作观赏植物。

Cephalotaxus oliveri

10

世上最珍贵的『篦子』

篦子三尖杉

三尖杉科三尖杉属　灌木或小乔木
高 1 ~ 4m　花期 4 ~ 5 月
珍稀植物 / 药用 / 林下

《国家重点保护野生植物名录》二级保护物种、《中国生物多样性红色名录 - 高等植物卷》易危种、《世界自然保护联盟濒危物种红色名录》易危种。从这些危险等级标示可看出，篦子三尖杉是一种珍稀的植物。篦子三尖杉是我国特有的古老的活化石植物，对于研究古植物区系和三尖杉属系统分类以及其起源、分布具有十分重要的研究价值。

篦子三尖杉属于三尖杉科三尖杉属灌木，主要分布在广东、江西、湖南、湖北、四川、贵州、云南等地海拔 300 ~ 1800 米地带的阔叶树林或针叶树林内。因叶形很像古时女子用的篦子，故而得名。

篦子三尖杉的珍贵之处还在于它的药用价值，有研究表明，从其植株中提取的三尖杉酯碱等物质，对于治疗血液系统的肿瘤能起到不错的效果。它的木材细致、坚实，可作农具、文具、工艺品等。种子可榨油，可供工业上用。

Abies beshanzuensis

11

这位冷峻的
高山『模特』
很多才

百山祖冷杉

松科冷杉属　常绿乔木
高 20 ～ 40m　花期 5 月
珍稀植物 / 药用 用材 观赏 / 高山上部

在我国西南地区海拔 2000 ～ 4000 米的高山上，生长着一类耐寒性很强的裸子植物树种，它的树干笔直，树冠尖塔形，枝叶茂密，四季常绿，这就是冷杉，从它清冽的名字中就能了解它喜欢冷凉而湿润的气候，它的名字里虽带有“杉”字，但实际上并不是杉，而是松科植物。

冷杉在我国西南地区种类最为丰富，有 10 余种之多，它们大都喜欢高海拔冷凉的气候，但在东南部的温暖地区，也有冷杉属的成员，百山祖冷杉就是其中之一，它生长在 1700 米左右的山地，是经历冰期之后保存下来的是珍稀树种，被列为国家一级重点保护野生植物，同时也被世界自然保护联盟列为极危等级。

冷杉是一种“多才”的植物，在晋代《尔雅注》中，就有对杉木的利用说明。其木材易加工，切削面光滑，防腐性良好，还是制造纸浆及一切木纤维的优良原料，可作器具、家具及胶合板等；其种子有一定的药用价值；其树干端直，树冠圆锥形或尖塔形，枝叶茂密，四季常青，是良好的园林树种。

Cercidiphyllum japonicum

『甜心教主』
连香树

12

连香树

连香树科连香树属　落叶乔木
高 10 ~ 20m　花期 4 月
珍稀植物 / 药用 用材 观赏 / 山谷边缘

连香树春天发出紫红色的嫩芽，夏天长出翠绿的叶片，秋天的叶色先是橙色后变为黄色至深红色，是难得的彩叶树。据说，如果你摇晃其树身，还能散发出甜香的味道，所以取名连香树。

连香树是白垩纪残遗树种。在我国主要零星分布在长江流域及陕西、河南、甘肃等地，常见于海拔 650 ~ 2700 米山谷边缘或开阔地的杂木林中。因资源稀少，而被列入《中国珍稀濒危植物名录》《中国植物红皮书》和《国家重点保护野生植物名录》（二级）中。不过，连香树资源也引起各方面的重视，除了加强野外资源保护，还积极开展引种栽培，南京中山植物园引种栽培的连香树就已开花结实。

连香树的木材结构细致，耐水湿，是制作小提琴、实木家具的理想用材，据《浙江天目山药植志》记载，其果实可治小儿惊风抽搐。

Picea brachytyla

「高冷男神」

麦吊云杉

13

麦吊云杉

松科云杉属　常绿乔木
高 20 ~ 30m　花期 5 ~ 6 月
珍稀植物 / 用材 / 山坡

云杉属的植物种类不少，但松科云杉属的常绿乔木麦吊云杉并不容易见到，它是我国特有的植物，主要分布在湖北、四川、甘肃、陕西等地，生长在海拔 1500 ~ 3500 米的山坡或针叶林中。由于森林过度砍伐、环境恶化、天然更新困难以及多呈零星分散生长等原因，曾一度面临濒危被列入 1984 年公布的《珍稀濒危保护植物名录》。不过，现今麦吊云杉已经得到很好的保护，有关部门为其建立了自然保护区，创造良好的生长环境。

9 ~ 10 月麦吊云杉的果实成熟。它的果实很可爱，是长圆柱形的球果，成熟前绿色，熟时褐色或微带紫色，在绿色的枝叶间颇为显眼。

麦吊云杉的木材坚韧，纹理细密，可供飞机、建筑、家具使用。在适应的环境条件下，将其作为育林的树种是不错的选择。

Rhododendron calophytum

杜鹃中的女王

14

美容杜鹃

杜鹃花科杜鹃属　常绿灌木或小乔木
高 2 ~ 10m　花期 4 ~ 5 月
珍稀植物 / 药用 观赏 / 森林或冷杉林下

杜鹃本已是很美丽的花卉，在名字前还被冠以了美容二字，一定就更美了！它植株丰茂，高度能达 2 ~ 10 米。4 ~ 5 月开花时节，枝条顶端 15 ~ 30 朵花聚集在一起成簇开放，非常壮观。从最初桃红色至粉红色渐渐到白色，花的基部有一明显的紫红色斑块，平添了娇丽感。

美容杜鹃树姿优美，叶片深绿而有光泽感，花开时颜色多变，具有很高的观赏价值，经引种驯化，可通过人工栽培用于城市园林美化中。其叶片有一定的毒性，根可入药，有祛风除湿功效。

美容杜鹃属于中国特有的野生珍稀杜鹃种类，主要分布于四川、云南、贵州、陕西等地海拔 1300 ~ 4000 米的山谷或林下，依赖冷凉、高湿度、强紫外线等特殊环境条件，自然繁殖能力弱，分布区狭窄且片段化，被收录于《中国生物多样性红色名录——高等植物卷》，被评估为近危（NT）等级，同时也在《中国珍稀濒危保护植物名录》之中。

Davidia involucrata

珍稀中的珍稀

15

珙桐

蓝果树科珙桐属　落叶乔木
高 15 ~ 25m　花期 4 月
珍稀植物 / 药用 观赏 / 润湿的常绿阔叶落叶阔叶混交林中

珙桐是树木中的“大熊猫”，是 1000 万年前新生代第三纪的孑遗植物，是我国独有的植物，也是最具代表性的中国植物，是我国植物的瑰宝，是国家一级保护野生植物，还被《世界自然保护联盟濒危物种红色名录》（IUCN）评为濒危（EN）等级。是我国特有的单属植物，是植物界的“活化石”……这些独一无二，足以见证珙桐的珍贵了吧！

珙桐为蓝果树科珙桐属落叶乔木，只在我国四川、贵州、湖南、湖北等少数地区有天然林，对于考古研究有着很高的价值。

其花色纯净，花型奇特，花序外面的两片鸽子翅膀似的白色叶状苞片，常被人们误以为是“花瓣”，暗红色的头状花序在苞片间，好似鸽子的头，因此珙桐又名“中华鸽子树”。春天花开，一树白花好似一群白鸽俏立枝头，展翅欲飞，十分壮观。

珙桐于 1869 年由法国传教士阿尔芒·戴维（Armand David，中文名谭卫道）在四川穆坪（今宝兴县）首次发现。珙桐属的学名以戴维的姓氏 David 命名，以纪念其作为发现者。1897 年，珙桐被首次引入法国，随后传播至欧洲其他国家，并风靡欧美，被广泛种植于皇室园林、教堂等场所。在我国国家植物园里栽培的珙桐每到开花时节吸引众多游人去观赏。这也是中国大陆地区陆地栽培的最北位置。

Acer flabellatum

16

扇叶槭

无患子科槭属　落叶灌木或小乔木
高 2 ～ 10m　花期 6 月
珍稀植物 / 观赏 用材 / 疏林中

扇叶槭是无患子科槭属落叶乔木，拥有着该属植物的优点：叶形美丽，花序秀气，翅果可爱，极具观赏性。春天嫩叶萌发，纤细的叶柄上薄纸质的叶片娇柔秀丽；6 月，绿叶间细小的花，聚簇在一起成为圆锥状花序；秋天，圆锥状花序结成了圆锥果序，黄褐色的翅果挂在枝丫间，别有一番味道。随着气温的降低，叶色变红，整株树仿若披上了红色外衣，非常艳丽。

值得一提的是，扇叶槭的果实就像一只只“小竹蜻蜓”，它们成双成对挂在枝头，像极了迷你版的直升机螺旋桨。每颗果实都自带一对薄如蝉翼的翅膀（专业点叫翅果），角度还特别讲究——135 度的酷炫 V 字造型。风一吹，它们就慢悠悠地转圈圈落地，专业称“自旋飘落”，这后面隐藏的是它们的生存智慧——种子可随风飞出去老远，完美避开 " 啃老族 " 的命运。

扇叶槭常分布于湖北、四川、贵州、云南、广西、江西等地海拔 1500 ～ 2300 米的疏林中，被列入《中国生物多样性红色名录 - 高等植物卷》。扇叶槭树高约 10 米，株型优美健壮。其木材红褐色，结构细腻，适用于家具、胶合板等的制作。

Rosa chinensis var. *spontanea*

现代
月季之母

17

单瓣月季花

蔷薇科蔷薇属　灌木
高 1 ~ 2m　花期 3 ~ 4 月
珍稀植物 / 观赏 / 川陇

月季花是一种广为人知的花卉植物，其品类相当丰富。但是单瓣月季花可不是花瓣是单瓣的那么简单，在《中国植物志》（第 37 卷）中，单瓣月季花被确定为月季花变种。它可是一种重要的月季种质资源，是现代月季最原始的亲本材料之一。而且，它被列入《中国生物多样性红色名录 - 高等植物卷》（2013 年）濒危种，《国家重点保护野生植物名录》二级保护植物。

单瓣月季花于 20 世纪初最早在湖北被发现，后陆续在四川、甘肃等地海拔 500 ~ 1950 米的地区被找到。

单瓣月季花的环境适应能力很强，现今在园林绿化中被广泛应用。3 ~ 4 月开花，一朵朵聚集在一起，一簇簇地开放。初开时花色淡粉，之后会变深，很是漂亮。

Michelia wilsonii

18

仙界下凡的『微笑天使』

峨眉含笑

木兰科含笑属　常绿乔木
高 12 ~ 20m　花期 3 ~ 5 月
珍稀植物 / 观赏 用材 / 林间

从名字就可以看出它的家乡。的确，这是生长在四川省中西部的峨眉、沐川、洪雅、平武等地、海拔在 600 ~ 2000 米林间的我国特有珍稀植物。由于该种分布地狭窄，野生种群稀少，结实率低，自然更新困难，加之木材优质，分布地经常有人乱砍滥伐，使得其面临濒危境地。被列为国家二级保护野生植物、《中国生物多样性红色名录 - 高等植物卷》易危种。

峨眉含笑树形优美，枝干笔直挺立，叶色亮绿，四季常青，3 ~ 5 月开花时节，乳黄色的花朵经常是半开半合，伴随着独特的芳香，含蓄而矜持，与其名相得益彰。

峨眉含笑的花、叶俱含芳香油，树皮和花均可入药。其木材是制作车船、家具、乐器的上好材料。作为古老的孑遗植物，峨眉含笑对于研究木兰科植物的系统发育、植物区系等具有很高的科学价值。

Ormosia hosiei

19

不只是『相思』

红豆树

豆科红豆属　常绿或落叶乔木
高 20 ~ 30m　花期 4 ~ 5 月
珍稀植物 / 观赏 用材 / 河旁山林

“红豆生南国，春来发几枝。愿君多采撷，此物最相思。”王维的一首《相思》，让红豆成为家喻户晓的“爱情信物”。但你知道吗？诗中所说的“红豆”，其实并非我们常吃的红豆（赤小豆），而是红豆树的种子。

红豆树是豆科红豆属常绿或落叶乔木，高达 20 ~ 30 米，胸径可达 1 米，树冠呈庞大伞状，很是威武壮丽。红豆树是我国特有的珍稀树种，仅在陕西、甘肃、江苏、安徽、浙江、江西、福建、湖北、四川、贵州等地有分布，被列入《中国生物多样性红色名录－高等植物卷》濒危种，国家二级保护植物。

红豆树是“长寿”树种，在 50 ~ 60 岁时进入盛果期，延续开花结实可达一二百年。在重庆市有一株 1200 年的“红豆树王”，历经千年风雨，树心已空，但依然枝繁叶茂。

红豆树很是珍贵。其木质极佳，不仅质地厚重、耐磨、耐朽，切面上还有美丽的花纹可与紫檀媲美，可用来制造家具、雕刻、美术工艺品等。其种子、根均可入药，主治跌打损伤、风湿关节炎等。

Acer amplum subsp.*catalpifolium*

「枫梓之恋」的结晶

20

梓叶槭

无患子科槭属　落叶乔木
高可达 25m　花期 4 月
珍稀植物 / 观赏 木材 / 阔叶林中

在四川西部的成都平原周围海拔 400 ～ 1000 米的阔叶林中生长着的梓叶槭，是我国特有的珍稀树种之一。在《国家重点保护野生植物名录》中槭属有 5 种，都属于二级保护植物，而梓叶槭不仅是其中之一，而且是第一批就进入《国家重点保护野生植物名录》中，后来新版的名录仍延续保护原则，施行重点监测保护，足见其珍贵。

梓叶槭作为槭属较为原始的植物类群，对探讨该科的系统演化及地理分布等有重要的科学价值。它的植株高大挺直，可达 25 米，树冠伞形，统一优美，具有较高观赏性，是行道树的良选。其叶片形状与槭属其他植物不大相同，有些像梓树叶，故而得名。4 月开花，伞房花序，花黄绿色，秀美可爱。

梓叶槭的材质良好，可制作各种器具。

Emmenopterys henryi

21

树中的『香妃』

香果树

茜草科香果树属　落叶乔木
高 20 ~ 30m　花期 6 ~ 8 月
珍稀植物 / 观赏 药用 木材 / 山谷林地

香果树为茜草科香果树属落叶大乔木，是我国特有的单种属树种，国家二级保护植物。它起源于距今约 1 亿年前的中生代白垩纪，因此有“活化石”之称，植物学家称其为“中国森林中最美丽动人的树”。

香果树主要分布于陕西、甘肃、江苏、安徽等地海拔 430 ~ 1630 米的山谷林地中。从名字上看其果实是香的，其实不然，它的果实没有香味，但花很香。在 7 月盛夏时节，高大的香果树绿叶白花，芳香四溢。但香果树开花并不容易见到，因为它只有长到二三十岁才会开花，而且 2 ~ 4 年开花一次。其花很有特色，每朵都有 5 枚花萼裂片，其中一片会长成像叶片一样的假花萼，很是奇特。

香果树高大挺拔，夏季花繁叶茂；秋天红色的果实挂于枝头，硕果累累，是园林观赏上选佳品。其木材纹理通直、结构细致、色纹美观，是建筑、家具、雕刻的优良用材。其根和树皮可入药，据《浙江药用植物志》记载，有湿中和胃、降逆止呕的功效，可用于治疗反胃、呕吐、呃逆等症状。

Urophysa rockii

22

消失八十年后
复得的
大地珍宝

距瓣尾囊草

毛茛科尾囊草属　多年生草本
高 5 ~ 20cm　花期 12 至次年 3 月
珍稀植物 / 观赏 / 溪边潮湿处

说它比大熊猫还珍贵也不为过，这种名为距瓣尾囊草的植物，是国家一级珍稀保护植物，仅分布于我国四川省江油市涪江段，而且是在海拔 620 ~ 650 米的山体半风化石灰岩裂缝内的腐殖土层上，仅靠有限的风化物质和岩壁缝隙浸出的水存活，在《世界自然保护联盟濒危物种红色名录》（IUCN）中，属极危种，相当珍贵稀少。

距瓣尾囊草是毛茛科尾囊草属多年生草本植物。毛茛科尾囊草属是我国特有植物，仅两种，即尾囊草和距瓣尾囊草。而距瓣尾囊草则更为罕见。最早是在 1925 年被发现，后来的 80 年中无人见过其身影，直到 2005 年才再次被找寻到。距瓣尾囊草习性很特别，每年 12 月中下旬开始开花，到次年 2 ~ 3 月处于盛花期并开始结果。

距瓣尾囊草花朵艳丽，叶片和花瓣随季节不断变化，其中文名得名于花瓣有囊状的距。叶似银杏叶，漂亮的天蓝色“花瓣”其实是它的花萼，花药黄色，开放在石壁上极为艳丽。叶片富含芳香油，具有开发价值。

Eurycorymbus cavaleriei

23

低调的『树中贵公子』

无患子科伞花木属　乔木或小乔木
高 15 ~ 20m　花期 5 ~ 6 月
珍稀植物 / 观赏 药用 木材 / 阔叶林中

伞花木

伞花木是第三纪残遗的我国特有单种属植物，国家二级保护植物，主要分布在广西、云南等地海拔 300 ~ 1400 米沟谷溪旁的常绿阔叶林中，对研究植物区系和无患子科的系统发育有较高的科学价值。

伞花木为雌雄异株植物，叶为偶数羽状复叶，5 ~ 6 月开花，稠密细小的花朵组成了半球状花序，散发着芳香。10 月结果，果实为蒴果，成熟时果皮裂开脱落，露出一粒粒圆圆的黑色种子，点缀在枝头。

伞花木的木材花纹细腻，具有轻巧、易加工、变形小等优点。其茎提取物有一定的药用价值，具有抗氧化和抗肿瘤活性。种子油脂含量高，是具开发前景的食用油和生物柴油植物材料。

Picea schrenkiana

雪山之巅的『绿色卫士』

24

松科云杉属　常绿乔木
高 35 ~ 40m　花期 5 ~ 6 月
珍稀植物 / 观赏 / 山谷及湿润的阴坡

雪岭云杉

雪岭云杉得名于其独特的生长环境与发现者。种加词 schrenkiana 是为纪念 19 世纪德国植物学家亚历山大·冯·施伦克（Alexander von Schrenk），中文名则直指其傲立于雪线之上的生存特性。在新疆天山地区，它被当地人称为“雪岭神木”，寓意着对高寒环境的顽强征服。

雪岭云杉树皮灰褐色，呈鳞片状剥落。其针叶呈四棱形，紧密排列如刷，表面覆盖蜡质层以减少水分蒸发。每年 5 月，紫红色雄球花与绿色雌球花同步绽放，至 9 月结出下垂的圆柱形球果。这种“先锋树种”专攻海拔 1400 ~ 3500 米的雪山地带，发达的浅根系能抓住岩缝中的贫瘠土壤，零下 30℃极寒与强紫外线均不能阻其生长。

在天山北坡，延绵千里的雪岭云杉林构成“固体水库”，滋养着下游绿洲。哈萨克族传说中，它是天神射向人间的绿箭，用根系缝合山体裂缝，用树冠拦截暴雪。

其淡黄褐色木材纹理通直，共振性能卓越，成为制作民族乐器热瓦甫的首选材料。松针提炼的精油富含 α - 蒎烯，在传统医学中用于消炎镇痛。现代生态工程中，它被广泛用于高海拔地区的水土保持林建设，单株成年树年固碳量可达 68 千克。虽然濒危等级是无危，但因为对生长环境要求高，亦需要加强关注和保护。

Antiaris toxicaria

热带雨林中的『温柔杀手』

25

见血封喉

桑科见血封喉属　常绿乔木
高 20 ~ 45m　花期 3 ~ 4 月
珍稀植物 / 观赏 药用 / 热带雨林

在海南岛的热带雨林中，生长着一种看似普通的乔木，却拥有令人生畏的江湖名号——见血封喉。这种被列入《广东省重点保护野生植物名录》的神秘物种，既是热带生态系统的守护者，也是令人敬畏的“毒药之王”。

属名 Antiaris 源自爪哇语 antjar，意为“箭毒”，而中文名见血封喉更是直白地揭示了它的致命特性。在海南黎族传说中，曾有猎人被虎豹追赶时用该树枝条做的毒箭反击，猛兽中箭后“行七步必亡”，故民间又称“七步封喉树”。

这种桑科乔木可长至 40 米高，最显著的特征是树皮富含乳白色汁液。经现代化学分析，其中含有强心苷类毒素，毒性强度可达眼镜蛇毒液的 3 倍。有趣的是，其毒性具有“选择性攻击”机制：通过血液接触会引发心脏骤停，但误食果实却不会致命——这种精妙的化学防御策略，既保护了自己，又避免误伤传播种子的动物。

当代研究发现，其毒素在精确剂量下具有强心作用，德国科学家已从中提取出治疗心力衰竭的先导化合物。更令人称奇的是，这种“夺命树”树皮纤维柔软透气，竟能织出穿着舒适的天然布料。

站在科学视角重新审视，见血封喉的剧毒本质是植物在亿万年间进化出的生存策略。这个雨林中的“温柔杀手”，正在为人类医学和材料科学带来新的曙光。正如黎族谚语所言：“最毒的箭木花旁，往往生长着最好的解药。”

Dendrobium nobile

26

兰科石斛属　附生植物
高 15 ~ 60cm　花期 4 ~ 5 月
珍稀植物 / 观赏 药用 / 树干上或山谷岩石上

金钗石斛

石斛因其花朵成“斛”状，大部生长在悬崖峭壁崖石缝隙间和参天古树上，得名“石斛”。

因为珍贵的药用价值，它被誉为“中华仙草之首”，历代本草典籍都倍加推崇，也是我国古文献中最早记载的兰科植物之一。

现代科技逐渐揭开其神秘的面纱，它含有生物碱类、多糖类、黄酮类、酚类等多种化学成分，具有滋阴润肺、养胃生津、明目清热、增强免疫力、抗衰老等多种功效，还可以缓解精神压力大、心情抑郁等症状。目前被广泛栽培。

石斛还有着特别的美。如铁皮石斛，花呈浅黄绿色，给人一种淡雅清新的感觉。金钗石斛的花是梅红色，娇艳欲滴。球花石斛的花则成串开放，像绣球一样，花色白中带黄，清新可爱。茎秆大多呈圆柱形，粗粗短短的，但有的呈天麻状，多直立不分枝，每个节上都有可能生出新枝……李白、苏轼等历代诗人画家以石斛为题，创作出许多优美的诗篇画作。

正因为其价值高，石斛资源被过度采挖，导致现在野生数量急剧减少，目前石斛属（所有种，被列入一级保护的曲茎石斛霍山石斛除外）被列入我国二级保护野生植物。

Bletilla striata

才貌双全的治愈系美人

27

兰科白及属　多年生草本
高 18 ~ 60cm　花期 4 ~ 5 月
珍稀植物 / 观赏 药用 / 林下

白及

白及这个名字源于其根，李时珍在《本草纲目》中写道，其根白色，连及而生，故名白及。白及花开时形似飞鸟，其花朵结构也非常精巧，六枚花瓣中有五枚形态相似，好似护卫一般，环绕着那一枚独特的唇瓣，这枚唇瓣上带有紫色的花纹，其上着生波浪的褶皱，非常美。

细心的你一定会发现，大多数兰科植物都有这样一个与众不同的唇瓣，其往往进化出难以置信的形状和图案，兰花这种唇瓣便是吸引昆虫传粉的重要指示标志。

白及，根茎为著名的药用植物。它的根茎肥硕，一般多个相连而生，干燥后的白及根茎犹如饱满的鸡爪。李时珍曾这样描述，此物“味涩而收，入肺止血，生肌敛疮”，简单的一句话便基本概括了白及的作用。

由于其用途广泛，白及的野生资源受到了灭绝性采挖。被列为《中国生物多样性红色名录 - 高等植物》濒危（EN）植物，2021 年入选《国家重点保护野生植物名录》成为国家二级保护植物，同时处于《濒危动植物种国际贸易公约》（CITES）附录 II，受国际贸易管制。

Adoxa moschatellina

兄弟姐妹
背靠背，团结
和睦把福聚

28

五福花

荚蒾科五福花属　多年生草本
高 8 ~ 15cm　花期 4 ~ 7 月
珍稀植物 / 观赏 药用 / 林下及湿草地

娇小优雅的五福花本不大起眼，但有特色——它们一小簇地开在修长挺立的花梗顶端，最上面的一朵花面向天空，其他的三四朵花侧生在顶花四周，像保镖在护卫主人，也像一群孩子在玩儿背靠背的游戏。这样挤挤挨挨长在一起的小花，大有团结和睦、抱团取暖的意思，所以叫五福花。早春开花，花很小，黄绿色或淡黄色。叶子是三出复叶，有点像牡丹，但叶形更圆也更可爱。

荚蒾科五福花族“花丁”稀少，科下三个属，皆一属一种，即五福花、四福花、华福花。生长在海拔 4000 米以下的林下、林缘、灌丛以及溪边湿草地。

五福花早春开花时采用黄绿色花瓣、麝香般的气味以及肉质花盘分泌的蜜汁，来吸引当地的蚂蚁采食，实现异花传粉。花果期之后，植株的根末端常常膨大成块状，储存养分以供来年发芽生长，因此五福花具有营养生殖和有性生殖的特点。

虽然目前其濒危等级为“无危”，但五福花在植物分类中具有重要的地位，是北温带单属的植物，对研究植物区系有一定的意义，需要重点关注和保护。

Tetradoxa omeiensis

古老子遗植物的代表

29

四福花

荚蒾科四福花属　多年生草本
高 10 ~ 16cm　花期 5 月
珍稀植物 / 观赏 药用 / 林中湿处

四福花在 1952 年于四川峨眉山首次被发现，由于没有人认识，直到 1979 年，中国科学院院士吴征镒才将之归类，于 1981 年命名四福花，于是，荚蒾科五福花族增加了一个属，共三个属，包含五福花属、四福花属和华福花属。

四福花是我国特有种属，分布于我国四川峨眉、雅安地区。在五福花科，四福花为最原始形态，是第三纪古老子遗物种，基本保持原有形态。

四福花生长的基质为附生于乔木根部和枝干的棉藓，对生长环境的要求比较严格，而且它冬天完全枯萎，在 8 月进入果期，对生态环境也有着苛刻的要求，所以它的有性繁殖较为困难，这应该是导致四福花特有濒危的主要原因，被纳入《中国植物红皮书》濒危种以及《世界自然保护联盟红色名录》（IUCN），保护级别为濒危（EN）。

四福花的植物分类地位很重要，是相对稀少的物种，对研究植物分类和地质气候变迁等有着较高的科学意义。

Helleborus thibetanus

30

寒冬里的叛逆少女

毛茛科铁筷子属　多年生草本
高 30 ~ 50m　花期 4 月
珍稀植物 / 观赏 药用 / 林下灌丛

铁筷子

铁筷子这名字真是令人百思不得其解。有一个野生种分布在我国西部，所以就算叫作“Tibetan hellebore（西藏嚏根草）”也比叫作“铁筷子”强点。作为多年生植物的它已经有了很多适合花园的栽培品种，冬季开花的于是被称作“Christmas rose（圣诞玫瑰）”，春季开花的品种则被称作“Lenten rose（大斋期玫瑰或四旬期玫瑰）”。还好，这两个名字没有封印它的颜值，它们的花型确实很像玫瑰。

铁筷子耐寒，零下 15℃照栏盛开，喜欢半阴潮湿的环境。其花朵常常低垂着，色彩奇特，原生种的花朵并不起眼，很多和叶片接近以至经常被忽略。其实这些“花瓣”是花瓣状的萼片而已，真正的花瓣已经变成杯状的蜜腺，环绕生长在萼片基部。大多数铁筷子于冬末春初开放，喜欢碱性土壤，所以很适合成为乔灌木下的地被植物。

西方园艺界很喜欢这类有个性的（怪模怪样）铁筷子，培育出很多优良的品种：叶色从苹果绿到墨绿，叶形三裂五裂七裂都有，花色也继续保持奇特（绿色、紫色、黑色等），确实是变幻多姿。所以虽然它很小众，但也希望你能低头高看它一眼。

铁筷子被列入《国家重点保护野生植物名录》，成为国家二级保护野生植物，同时也被纳入《陕西省地方重点保护野生植物名录》。

Asarum forbesii

31

药香界的老祖

马兜铃科细辛属　多年生草本
高 5 ~ 15cm　花期 4 ~ 5 月
珍稀植物 / 药用 / 林下沟边阴湿地

杜衡

杜衡释义一般有二，一是用以比喻君子、贤人，因此常被用作男孩的名字，寄予美好的祝福；二是指植物杜衡。

杜衡在古代有很大的名气，人们将其形容为在仙山才会出现的草。《山海经》之《西山经》记载："天帝之山，有草焉，其状如葵，其臭如蘼芜，名曰杜衡，可以走马，食之已瘿。"介绍了杜衡的两种功效：若佩带更易驯服马匹（走马），若内服可治疗颈项痈肿、积聚之疾（已瘿）。

杜衡俗名马蹄香、水马蹄、马辛、土细辛，其根状茎短，根丛生，稍肉质；叶片呈阔心形至倒卵形，叶圆似马蹄，气味芳香，故又称"马蹄香"。杜衡的叶子上有着独有的花纹，十分奇特，在刚长出来时花纹杂乱，似泼墨，但随着其慢慢成熟，叶片上的花纹也会慢慢对称，变得规整。花暗紫色，浆果细小，成熟时黑褐色。

杜衡原产于中国，主要分布于江苏、安徽、浙江、江西、河南南部、湖北及四川东部。性喜温暖、湿润及半阴，不耐寒冷和干燥。杜衡是国家二级保护植物，同时在《世界自然保护联盟濒危物种红色名录》中属于近危（NT）物种。

杜衡全草可入药，有疏风散寒、消痰利水、活血止痛之效，可治风寒感冒、痰饮喘咳、跌打损伤、齿痛、胃痛、蛇咬伤等症。可内服或外敷。全草可提取芳香油，具驱虫效果，常用来代替樟脑。

Asarum heterotropoides

想深藏不露，实力不允许

32

细辛

马兜铃科细辛属　多年生草本

高 5 ~ 15cm　花期 5 月

珍稀植物 / 观赏 药用 / 林下阴坡

在武侠小说里，总有些其貌不扬的隐世高手，细辛就像这样的存在——藏在深山幽谷间，却身怀治病救人的绝技。

《本草纲目》里破解了细辛的命名玄机：“细辛其根极细，其味极辛”。它对住所极其讲究，专挑北纬 30° ~ 40° 的风水宝地。从长白山麓到秦岭深处，但凡有腐殖质深厚的林下阴坡、雾气氤氲的山涧石缝，都可能邂逅它心形的绿叶。古人说“四月采根五月枯”，想见它真容可得踩着时令进山。

细辛出身马兜铃科，这个家族盛产毒术高手。但细辛深谙“用毒之道，存乎一心”的江湖规矩，《神农本草经》早将其列为上品，张仲景在《伤寒论》里开出细辛配方。现代研究揭秘其挥发油里的甲基丁香酚，既是镇痛消炎的“疗伤圣药”，也是过量伤身的“七伤拳”。

如今的细辛在多个领域施展拳脚：中医馆里，它与麻黄、附子组成“祛寒三剑客”，但药典始终警醒：细辛不过钱，过钱命相连——这或许就是自然给予的生存智慧：再好的武功，也需分寸来驾驭。

细辛被《世界自然保护联盟濒危物种红色名录》（IUCN）列为易危（UV）植物。

Orobanche pycnostachya

全靠别人养，却还是个宝

33

列当科列当属　二年生或多年生寄生草本
高 10 ~ 50cm　花期 4 ~ 6 月
珍稀植物 / 指示 药用 / 林下阴坡

黄花列当

在植物这个庞大的“家族”中，大多数成员都是“安分守己”，自己养活自己，但也有一些不自食其力的懒惰分子，像寄生虫一样，靠别人养活，这就是寄生植物，黄花列当是它们中的典型代表。

黄花列当植株低矮，全株都覆盖有一层细小的茸毛，茎直立，单一不分枝。主要寄生在蒿属植物的根上，吸收其养分和水分，所以并不需要光合作用，因此黄花列当的叶子是黄褐色的鳞片状，穗状顶生花序，大概占据茎秆的三分之一长度，花朵有很多，整体呈黄色。

但对人类来说，黄花列当可是个宝贝，它有个俗称叫不老草，在神话故事里是吃了就能长生不老的仙草。有补肾壮阳、强筋健骨的功效，对肾虚而导致的腰膝冷痛、腰膝酸软、神经衰弱等效果非常明显，对男性的阳痿和遗精，也有很好的改善作用。同时黄花列当可以用来治疗便秘，促进消化吸收和排便。民间多用它来煮水泡酒喝。

黄花列当一般生长在沙丘、山坡、草地、山沟，分布在我国东北、华北、西北及华东等地。随着环境的改变，现在野生的黄花列当已经难以寻觅了，被列为内蒙古自治区二级重点保护野生植物。

Ceropegia paohsingensis

山林里
会牵藤的
小吊灯

34

宝兴吊灯花

夹竹桃科吊灯花属　多年生草本
藤本　花期 4~8 月
珍稀植物 / 观赏 / 林缘山谷

在四川宝兴的山谷溪畔，生长着一种奇妙植物——柔软的藤蔓缠绕在树枝上，紫色花朵随风轻摇，宛如一盏盏迷你吊灯。这就是中国特有的珍稀植物——宝兴吊灯花。

宝兴吊灯花拥有纤细的肉质藤茎，能攀爬数米高。它的叶片薄如蝉翼，呈修长的披针形，在阳光下透出翡翠般的光泽。每当夏秋季节，叶腋处会绽放 4 ~ 5 朵紫红色花朵，花瓣层层叠叠向外翻卷，中心伸出细丝状的副花冠，毛茸茸的“小触须”让整朵花更显灵动。

这种植物对生长环境极为挑剔，通常扎根在海拔 300 ~ 900 米的湿润河岸或疏林下。喜欢温暖潮湿的气候，根系能紧紧抓住岩石缝隙，既能避免被急流冲走，又能从林间漏下的阳光中获取能量。每年 12 月，细长的果实裂开后，带着白色种毛的种子便随风飘散，开启新的生命旅程。

宝兴吊灯花的全草可捣碎外敷，能缓解无名肿痛或外伤炎症。现代研究也发现其含有特殊生物碱，但具体药用机制仍需进一步探索。值得注意的是，它虽有一定药用价值，却不可随意采摘——作为分布区域狭窄的珍稀植物，野外种群需要特别保护。它不仅是生态链中的重要成员，更是中国自然宝库中独一无二的鲜活名片。

Linnaea borealis

35

林奈的『签名作品』，雪原上的『双生精灵』

忍冬科北极花属　小灌木
高 5 ~ 10cm　花果期 7~8 月
珍稀植物 / 观赏 / 高寒区林下岩石缝

北极花

在北极苔原的矮灌木丛中，藏着一对对的“粉色铃铛”——它们成双绽放，拇指大小的花朵低垂含笑，散发出淡淡甜香。这就是北极林奈花——以生物分类学之父林奈命名的极地植物，用温柔姿态诠释着生命的坚韧。

这种小花与科学史深度绑定：18 世纪，瑞典植物学家林奈在野外发现它，不仅用自己的名字为其命名，更将它刻入家族纹章。花朵底部相连的“双生”结构，象征着林奈与妻子的爱情，也让北极林奈花成为科学界的浪漫符号。

为了在北极生存，北极林奈花进化出贴地保暖术：植株高度不超过 10 厘米，茎细如铁丝却柔韧抗风，冬季被积雪覆盖时，地表温度可比空中高 15℃；它的匍匐茎在地下蔓延，单株一年可生长 30 厘米，遇到碎石缝隙便萌发新苗，形成直径超 3 米的“家族花环”；花朵散发类似香草的气味，吸引熊蜂、夜蛾前来传粉，在极昼的午夜仍坚持开放。

北极林奈花需要寒冷环境完成花芽分化，全球变暖却导致其开花量十年间减少 38%。挪威的研究显示，当夏季均温超过 12℃时，植株会停止扩展领地。这种从冰河时期存活至今的植物，其逐年退缩的粉色花海发出生态警报。现在被列入《中国生物多样性红色名录－高等植物卷》中，评估等级为近危 (NT)。

02

先锋植物

为“草根英雄”撕掉“杂草”标签——
它们的价值比黄金更珍贵，
它们的文化烙印比玫瑰更深沉。

生态恢复的先锋力量

在自然界中，有一种植物，如同勇敢的探险家，率先在荒芜的土地上扎根生长，为后续的生态恢复和生物多样性重建铺平道路。这些植物，被形象地称为“先锋植物”。

先锋植物（pioneer plant），是指在群落演替过程中最先出现的植物。它们具有生长迅速、种子产量大、扩散能力强等特点，能够在恶劣的环境中生存并繁衍。这些植物对土壤、水分和光照等条件的要求相对较低，具有耐旱、耐贫瘠、耐寒等特性，能够在石漠化地区、裸地、矿山废弃地等极端环境中迅速生长，为后续植物群落的迁入和生长奠定基础。

先锋植物具有一系列独特的适应性特征。例如，它们能够通过分泌有机酸等物质腐蚀岩面，促进岩石的风化和土壤的形成；同时，它们的根系能够稳定土壤，防控侵蚀，改善生境和提升肥力。这些特性使得先锋植物在生态恢复中发挥着至关重要的作用。这些植物通常不耐相互遮阴和根际竞争，因此容易被后来的植物种群排挤掉，但它们的出现标志着群落演替的开始，为后续的植物生长提供了基础。先锋植物种类繁多，根据其生长环境和生态功能的不同，可以分为以下几类：

1. 地衣类先锋植物：地衣是真菌和藻类的共生体，能在裸露的岩石上生长。它们分泌的地衣酸能够加速岩石风化，形成原始的土壤层，为后续植物的生长创造条件。地衣常被称为“植物拓荒者”，是植被演替初始阶段的重要植物。
2. 苔藓类先锋植物：苔藓通常生长在湿润的环境中，比地衣高大，能积累更多的腐殖质，进一步改善土壤条件。苔藓的生长标志着群落演替进入了下一个阶段，为后续草本植物的生长提供了基础。
3. 草本植物类先锋植物：草本植物种类繁多，生长迅速，能够迅速覆盖地面，减少水土流失。它们通过根系固定土壤，改善土壤结构，为后续灌木和乔木的生长创造条件。
4. 灌木类先锋植物：灌木比草本植物更高大，竞争力更强，逐渐取代草本植物成为群落中的优势种。灌木的根系较发达，能更好地保持水土，为乔木的生长奠定基础。

5. 乔木类先锋植物：乔木是森林中最高大的植物，在竞争中占据优势，最终成为优势种，形成稳定的森林群落。在生态恢复过程中，乔木类先锋植物如白桦、小叶榕等能够迅速生长，提供遮阴和庇护，促进生物多样性的恢复。

6. 其他特殊类型的先锋植物：除了上述几类常见的先锋植物外，还有一些特殊类型的先锋植物，如络石、接骨木等。它们具有强大的攀缘能力或适应性，能够在墙壁、岩石等硬质表面上生长，覆盖能力强，对改善边坡稳定性和减少水土流失有重要作用。

先锋植物在生态恢复中发挥着至关重要的作用。它们能够适应恶劣环境，通过自身的生长和繁殖活动，逐步改善土壤和水质条件，为后续其他植物的生长创造条件。在矿山修复、城市绿化、水土保持和湿地恢复等项目中，选择合适的先锋植物进行种植和养护，可以显著提高生态恢复的效果和质量。

例如，在矿山修复中，可以选择地衣、苔藓等先锋植物进行初期植被恢复，通过它们的生长活动促进岩石风化和土壤形成；随后种植草本植物和灌木类先锋植物，进一步改善土壤条件；最后引入乔木类先锋植物，形成稳定的森林群落，实现生态恢复的目标。

先锋植物是自然界的勇士，它们以顽强的生命力和独特的适应性，在生态恢复中发挥着不可替代的作用。通过深入了解先锋植物的特性和类型，我们可以更好地利用它们进行生态恢复和生物多样性保护。

胡枝子果实

Taraxacum mongolicum

带着降落伞去旅行

01

菊科蒲公英属　多年生草本
高 5 ~ 20cm　花期 3 ~ 11 月
先锋植物 / 药食同源 / 世界广布 /

蒲公英

春日的草地上，总能看到几团白色“小绒球”在风中忽散忽聚，那是蒲公英在给孩子们发“降落伞”。这株看似普通的野草，从古至今都揣着本生存秘籍——能当菜、能入药，还能带着种子环球旅行。

蒲公英的老家横跨欧亚大陆，如今却成了四海为家的“国际流浪者”。在东北，人们叫它“婆婆丁”，听着像邻家奶奶的昵称；江南人喊“黄花地丁”，精准概括了它开小黄花、爱长田埂的特性。《本草纲目》详细地记录了它的不同名称来由。

古人对蒲公英的利用堪称“物尽其用”。《本草纲目》记载它“解食毒，散滞气”，宋代《图经本草》建议“嫩苗作羹，甚益人”。西北游牧民族把它当天然消炎药，挤奶时若遇牛羊乳房发炎，就捣碎蒲公英外敷。更接地气的是民间智慧：老辈人春天挖嫩叶焯水凉拌，苦中带鲜；秋日刨根晒干，上火时抓一把煮成“土咖啡”，比凉茶还管用。

蒲公英属家族的成员，足迹遍布除南极外的所有大陆，是生态系统的先锋和关键物种。其根系分泌萜类化合物溶解磷酸盐，使贫瘠土地重获肥力。早春开花为蜂类提供关键蜜源，单花日产蜜量达 0.2 毫克。冠毛对湿度极度敏感，空气湿度超 70% 时自动闭合，成为民间晴雨计。与番茄间作可驱除线虫，与玫瑰共植预防黑斑病。吸引蚜虫的同时招来瓢虫，形成微型食物链。在土壤中可存活 7 年，等待合适时机萌发，是极佳的生态修复植物。

Phragmites australis

湿地文明的千年守护神

02

禾本科芦苇属　多年生草本
高 1 ~ 8 米　花期 7 ~ 9 月
先锋植物 / 药用 饲草 纤维 编织 / 湿生

芦苇

“蒹葭苍苍，白露为霜。”大名鼎鼎的蒹葭就是芦苇，得此名源于《本草纲目》：“时珍曰：按毛苌《诗疏》云：苇之初生曰葭；未秀曰芦；长成曰苇。苇者，伟大也。芦者，色卢黑也。葭者，嘉美也。”后世也采用了这种叫法。全球广泛分布。

芦苇有发达的匍匐根状茎，且茎中空光滑。叶片披针状线形，排列成两行。通常会在夏秋季节开花，每一根芦苇的小穗上都会有 4 ~ 7 朵芦苇花。

芦苇生于水边，根茎四散分布，能巩固堤防。芦苇能吸收水中的磷，抑制蓝藻的生长，保护水体。苇的叶、茎、根状茎和不定根都具有通气组织，能净化水质。大面积的芦苇可以调节气候，涵养水源，形成良好的湿地生态环境，为鸟类提供栖息、觅食和繁殖的家园。

古代用芦苇编制“苇席”来铺炕、盖房，用芦苇的空茎做成乐器芦笛。芦苇穗可以制作扫帚，花絮可以用来充填枕头。芦苇秆中的纤维素含量较高，可以用来造纸和制作人造纤维，真是难得的宝贝。

不仅如此，芦苇在开花季节特别漂亮，有观赏价值。芦苇生物量高，用芦叶、芦花、芦茎、芦根、芦笋均可用作饲料。

芦苇还有重要的药用价值。其根、茎、叶、花等部位均可作药用，治疗风热感冒、肝炎、肾虚等病症。尤其是芦根，还常被制成凉茶用于夏季消暑。同时，芦苇汁还有排毒养颜、防止便秘等功效。

Commelina communis

蓝脚丫的会开花

03

鸭跖草科鸭跖草属　多年生草本
高 20 ~ 50cm　花期 6 ~ 9 月
先锋植物 / 饲草 染色 / 阴湿生

鸭跖草

鸭跖草属有 170 多种，其叶形类似鸭脚掌，“跖”指脚掌，因此得名鸭跖草。大概是因为它的花朵只能开大半天就会凋零，所以国外也称它为“dayflower”。又或许是它太卑微渺小，总是在不起眼的角落里默默地生长，维基百科介绍说有地方称它为“widow’s tear（寡妇泪）”。植物的命名是很有趣的，每一个别名、俗称都可以探索到植物的一个侧面。

关于鸭跖草的命名，最理直气壮的名字来自 18 世纪瑞典分类学家卡尔·林奈。他大笔一挥：*Commelina communis*——以两位荷兰植物学家 Jan Commelijn 和他的侄子 Caspar Commelijn 的名字为该属命名，他们二位各自代表鸭跖草艳丽的两片花瓣——确实，鸭跖草的花朵只有两个对称的花瓣。

鸭跖草在我国分布广泛，也分布于越南、朝鲜、日本、俄罗斯远东地区以及北美洲。《本草纲目》记载，它被认为具有退热、解热、抗炎利尿的作用，也是一种药草。鸭跖草适应性强，耐旱能力较强，只需要土壤稍微湿润就可以生长；它喜欢温暖、湿润的气候，对弱光环境较为适应，但不喜欢阳光直射。

因为鸭跖草的花总是在清晨挂着露水开放，所以日本把它叫作“露草”。它的蓝色在日本传统色中也有运用——把花瓣擦到纸上和布上，得到的颜色就是“露草色”，但这种颜色时间久了就会消失或变成黄绿色。也正因为露草花的汁液很容易消失变色，所以露草花在日本和歌中多用于感叹恋人变心。

Parthenocissus tricuspidata

会爬墙的变色龙

04

地锦

葡萄科地锦属　木质藤本
高可达数米　花期 5 ~ 8 月
先锋植物 / 观赏 药用 / 崖石 灌丛

你或许会对地锦感到陌生，但如果说爬山虎，你一定会恍然大悟了吧，是的，地锦就是爬山虎。

每到春天，地锦就会发挥其强大的攀爬能力，将路边的栅栏、围墙或是高架桥的立柱遮挡起来，让它们穿上绿色的外衣；到了秋天，又变成了色彩艳丽的红色或橘黄色，仿若锦缎般悬挂着、铺陈着，已成一道美丽的风景。地锦之名也由此而来。

生命力极为强大的地锦是葡萄科地锦属木质藤本植物，可以算是一种“多功能”植物！在我国有着极广泛的分布，耐旱、耐寒、耐盐碱，作为抗逆性良好的地被植物、垂直绿化植物，可以有效地覆盖地面，并能用吸盘附着于岩石和土块之上，所以，地锦在防止水土流失、保持生态平衡方面也发挥着重要作用。正是由于生命力顽强的特点，爬山虎还成了友谊和坚定的象征。

不仅如此，地锦还能有效吸收大气中的污染物以及汽车尾气中的有害成分，如二氧化硫和氯化氢等有害气体，并且能吸附空气中的灰尘。

地锦的叶片含有矢车菊素，种子富含软脂酸、油酸、棕榈油酸等，经济价值很高。而作为一味中药材，地锦的药用价值也不可小觑，在《本草拾遗》中方有记载：其性温、味甘微涩，有活血、祛风、止痛的功效。

Pennisetum alopecuroides

禾中之狼

05

禾本科狼尾草属　多年生草本
高 30 ~ 120cm　花期 7 ~ 9 月
先锋植物 / 可食 饲草 纤维 / 广布

狼尾草

禾本科的“狼性”代表，《本草纲目》解释名字源于其花序像狼的尾巴，充满野性与自由。成语“良莠不齐”，原来写作“稂莠不齐”，稂指的就是狼尾草一类的杂草。

狼尾草与狗尾巴草很像，可狗尾草属一年生，而狼尾草是多年生草本，显得更加刚硬，“炸毛”的样子就像是狼在展示它的不羁与彪悍，难怪《诗经》里都称它为“禾中之狼”。在古代，狼尾草常被用作象征坚韧和勇气，寓意在逆境中不屈不挠的精神。

狼尾草个儿中等，茎直立丛生，根系发达，能够深入土壤。叶片颜色鲜绿，圆锥形花序密集，花色多。正因为狼尾草不羁的外表和抗逆的特性，现在被越来越多地引入园林设计中，成为郊野公园不可或缺的存在。

狼尾草还有一个容易被人忽略的优点，就是在生态上的价值。它根系发达，能固定土壤，减少水土流失；植株能吸收空气中的有害物质，释放氧气，还为昆虫、鸟类等生物提供了栖息场所。另外，它还是非常优质的牧草，营养丰富，适口性好；茎秆还能作为造纸原料，真是浑身都是宝啊！

狼尾草在传统中医中被广泛应用，全草入药，甘而平，具有清热解毒、利尿消肿的功效，常用于治疗肺热咳嗽、目赤肿痛等症状。

Humulus scandens

06

「大刺头」的植物界

大麻科葎草属　多年生藤状草本
花期春夏
先锋植物 / 可食 药用 / 广布

葎草

葎草，别名勒草、葛勒子秧、拉拉藤等，它的名字透露出它那缠绕生长的特性，以及那让人难以忽视的倒钩刺，若不小心碰到，保证让你喊疼。

葎草茎、枝、叶柄都长有倒钩刺，是植物界著名的“刺儿头”。不挑环境，荒地、田边、林地及垃圾堆到处都是，也因此葎草常被当成入侵物种，可它是实打实的本土植物，对于环境修复有很高的价值。

“不友好”的葎草，在饥荒年间却是果腹的野草之一。《救荒本草》中载有具体的做法：“采嫩苗叶煠熟，换水浸去苦味，淘洗，油盐调食。”它的味道是苦的，吃之前需反复淘洗，最后还得用油盐调食。

葎草全株可入药，《唐本草》记载：“葎草味甘、苦、寒，无毒。主五淋，利小便，止水痢，除疟虚热渴。煮汁及生汁服之。生故墟道旁。”具有清热解毒、利尿通淋的功效。可用于治疗肺热咳嗽、肺痈、水肿、热毒疮疡、皮肤瘙痒等疾病。葎草还是优质的畜牧草料，可以增加家禽家畜的成活率和产蛋率。茎皮纤维还可以作造纸原料，种子油可以制肥皂，果穗还可以代啤酒花呢。

Pueraria montana

07

山野里的「药膳大厨」

山葛

豆科葛属　多年生草质藤本
花期4～8月
先锋植物 / 可食 饲草 药食同源 / 灌丛 林下

山葛是我国非常传统的植物，名字最早出自《诗经》中的《采葛》：“彼采葛兮，一日不见，如三月兮。”在我国，山葛有着“千年人参”的美誉，长可以达到8米，叶子比较大，深绿色，形状像不规则的菱形。它的花很漂亮，紫红色的蝶形。

山葛的叶子和藤长得纤细小巧，但它有着非常粗壮的块根，而且全身上下最珍贵的地方，就是它的块根，比较粗，呈嫩白色，有须毛，淀粉含量很高，在饥荒的年代很多人采葛根，然后研磨浸提出淀粉，作为充饥的粮食。

山葛是药食同源植物，既有药用价值，又有营养保健之功效，无论是藤茎，还是花、种子、根以及葛粉都可以入药。《本草纲目》记载：葛味甘性平无毒，主小儿泄泻。“千杯不醉葛根花”，葛粉和葛花可用于解酒。茎皮纤维供织布和造纸用，还可拧成绳索，中国新石器时代使用这种植物的纤维作纺织原料。山葛还是一种良好的水土保持植物。

就是这样一种在我国几千年来为我们提供衣、食、药、工具的一种植物，被引进到美国以后，在没有生物天敌，生存环境又非常适宜的情况下，就不可控制地肆意生长，变成了当地的入侵植物。

Chamerion angustifolium

火灾现场的修复专家

08

柳叶菜科柳兰属　多年生粗壮草本
花期 6 ~ 9 月
先锋植物 / 蜜源 可食 药用 饲草 观赏 / 林下 草原

柳兰

叶似柳、花似兰，想一想都很美丽。柳兰，这种喜欢成片生长在森林草原、林间隙地的草本植物，每到 6 ~ 9 月盛开季节，为大自然增添了一份瑰丽的色彩。据说，成片的野生柳兰花在地球上只有两处，一处是在锡林郭勒灰腾锡勒草原上的柳兰沟，另一处在英国。

柳兰是火烧迹地（森林中经火灾烧毁后尚未长起新林的土地）的先锋植物，所以也被称为火烧兰。柳兰通过快速定殖稳定土壤、减少侵蚀，并为后续物种（如乔木）提供荫蔽和有机质积累，推动群落向更复杂阶段演替。随着柳兰种群密度增加，其分泌物可能抑制自身幼苗生长，同时促进其他植物定居，最终退出优势地位，完成先锋物种的过渡使命。成片的柳兰整体花期可长达 40 天左右，贯穿夏季，所以在民间也称其为三伏花，是夏、秋季优良的蜜源植物。

柳兰主要分布于东北、华北、西北等地区。其根茎味辛、苦，性平，据《湖北中草药志》记载，其有活血祛瘀、接骨、止痛的功效，主治跌打伤肿、骨折、风湿痹痛、痛经等症状。它的嫩苗开水煮后可以凉拌食用；茎叶还可以作猪饲料。

这么漂亮的花，如今在园林绿化中也被广泛引用，在花境中作为背景材料，或丛植在公园、广场和花坛中，为城市美化做出了贡献！

Lespedeza bicolor

秋七草之首

09

胡枝子

豆科胡枝子属　灌木
高 1 ~ 3m　花期 7 ~ 9 月
先锋植物 / 蜜源 可食 药用 饲草 / 林下 草原

9月，如果你在山区看到一簇簇粉紫色的花草在风中摇曳，那多半就是豆科的花灌木胡枝子。它们就这样兀自绽放在长城内外的山野，是北方极常见的野花。在秋叶还没有变红之际，胡枝子就登上山野的舞台。

一直以来，胡枝子都是以野花的状态出现，大多数国人不认识它；但同是野花，它深受日本人民的喜爱：胡枝子日语称“萩”，“秋天原野盛开的花，屈指数来有七种”——胡枝子位居日本“秋七草”之首。

相比粗放的“胡枝子”中文一名，“燕雀草”听起来更活泼可爱些，因为胡枝子的花朵是豆科典型的蝶形花冠。《植物名实图考》卷二十三中明确指出胡枝子的名称、分布、形态特征（紫花、穗状花序）及民间用途（饲料）。它适应性很强，在贫瘠的新开垦地上可以生长。所以在北美地区它曾被建议用在被污染过地域或废弃的矿场作为恢复植被（但后来它蔓延得太快，以至美国东南部把它列为入侵物种）。同时胡枝子花多、花期长、泌蜜量大，是秋天非常好的蜜源植物。它同时具备很多坚韧的性格：耐旱、耐瘠薄、耐酸性、耐盐碱、耐刈割——耐刈割说明人们常常割它。是的，胡枝子也是一种高产的饲料资源，具有很高的营养价值。

《救荒本草》明确记录胡枝子是重要的救荒植物，其嫩叶、种子可食；胡枝子也是一味中药材，于夏秋时节采集的茎、叶晒干后味微苦，性平；能润肺清热、治疗热咳嗽、鼻衄等。

Imperata cylindrica

荒野千年「银狐」

10

白茅

禾本科白茅属　多年生草本
高 30 ~ 80cm　花期 4 ~ 6 月
先锋植物 / 药食同源 饲草 / 广布

“白华菅兮，白茅束兮。”白茅是一种生长在《诗经》里的植物，因叶形似矛，花期会长出如同棉花一样的白色小穗，故而得名白茅。具粗壮的长根状茎，秆直立，叶鞘聚集于秆基，秆生叶片窄线形，通常内卷。圆锥花序稠密，花柱细长。

果园、桑园、茶园、胶园经常受到白茅的困扰，白茅几乎分布在中国的各个地区。在民间，人们通常把白茅叫作“茅草”，是很多农民朋友十分痛恨的一种野草，因为它实在是太难清除干净了。但正因为其强大的生命力，让其成为恢复受损地表的先锋。

在《神农本草经》中，茅根又称为“兰根”和“茹根”，一直在我国中药材市场上占有一席之地，具有止血、利尿、抗菌、抗肝炎等作用，《本草纲目》中也有记载。茅根的用法十分简单，洗净直接煮水就行，茅根煮水喝起来甘甜可口不说，还能起到清肺止咳、利湿退黄的食疗作用，对于肝、肺不好的朋友来说，十分实用。此外，白茅的花序还可用于止血。

白茅牲畜喜食。根茎味甜，可以食用或酿酒，叶片可造纸或作为燃料，它的根茎蔓延范围广，生长能力极强，可以用来固沙。

Chenopodium album

11 我比牛奶还高钙

苋科藜属　一年生草本
高 30 ~ 150cm　花期 5 ~ 10 月
先锋植物 / 可食 药用 饲草 / 广布

“南山有台，北山有莱。”《诗经 · 小雅》中的“莱”，就是藜。说明早在先秦时期，民众就有采藜为食的习惯。食藜，自古被作为贫穷的代称，孔子及门徒们在陈蔡两地受困时吃的就是藜。

老祖宗称为“藜”，我们给它起了个可爱的名字“灰灰菜”。因为它的叶子反面有一层灰色的粉。但灰灰菜不是单指一种，大致而言指灰绿藜、小藜和藜等几种，样子差不多。藜的叶片呈菱形，相对宽圆一些，通常作为野菜吃的是藜；灰绿藜和小藜的叶片要相对窄一些。

初夏的藜不仅鲜嫩，还含有丰富的营养物质，特别是钙元素的含量超过牛奶，被誉为“高钙野菜”。

藜全草可入药，具有泻痢、止痒的功效，可治皮肤湿毒，用来泡澡能起到清热解毒、止痒等作用。藜是一种碱性植物，晒干烧成灰后可以当洗衣粉用，有非常好的去污效果。还可以和碱面用，做出来的面条筋道可口。

藜是典型的先锋植物，种子萌发迅速（甚至在低温下也可发芽），生长周期短（6 ~ 8 周完成生活史），能在土壤扰动（如农田翻耕、洪水、火灾）后快速占据裸露地表。单株可产数千至数万粒微小种子，种子轻且易随风、水或动物扩散，广泛覆盖新生裸地。

Setaria faberi

名声虽不好，但我自有我的好

12

禾本科狗尾草属　一年生草本
高 50 ~ 120cm　花期 7 ~ 10 月
先锋植物 / 药用 饲草 / 广布

大狗尾草

在《诗经·小雅·大田》中有一句“既方既皂，既坚既好，不稂不莠”，这里的莠就是指狗尾草、大狗尾草一类的植物，《本草纲目》中对它有详细的注释。

大狗尾草通常具有支柱根，秆粗壮而高大，没有毛茸，叶鞘松弛，叶片呈线状披针形。花序圆锥形且紧缩，像圆柱状，顶端尖，花柱基部分离，颖果椭圆形且顶端尖。

大狗尾草和狗尾草是孪生兄弟，很容易混淆。大狗尾草顾名思义比较高大（50 ~ 120 厘米），花果序垂头比较厉害；狗尾草不够高大（30 ~ 40 厘米），花序较为直立。大狗尾草的花期晚于狗尾草。

“稂莠不齐”——在古代，稂和莠都是指形状像禾苗而妨害禾苗生长的杂草，比喻坏人。但狗尾草自有它独特的价值。根据《江西草药》的记载，大狗尾草具有平性和甘味，具清热消疳、杀虫止痒、祛风止痛之效，主要用于治疗小儿疳积、风疹和牙痛等疾病。大狗尾草具有较高的饲用价值，其茎叶在结穗之前柔软，是马、牛、驴和羊的优质饲草，而且其种子产量高，是各种畜禽的优质精饲料。

大狗尾草通过种子库策略、快速生长和高耐逆性，在受干扰生态系统中扮演重要先锋角色。其生物学特性与生态功能使其成为退化环境恢复的关键物种，尽管在农业中可能被视为杂草，但其生态价值值得重视。

Chorispora tenella

荒漠盐碱地的『小救星』

13

十字花科离子芥属　一年生草本
高 5 ~ 30cm　花期 4 ~ 8 月
先锋植物 / 改良 可食 / 北方广布

离子芥

听起来像是从化学实验室跑出来的植物，其实它很接地气，分布范围也很广。“野花吐芳不择地，春风吹来阵阵香”，淡紫色的小花清新优雅，可惜它的生命周期非常短暂，在干旱环境中，离子芥能充分利用早春融化的雪水和较多的降雨迅速生长发育，两个月完成生命周期。

离子芥虽然植株小、产量低，但它萌发早，生长速度快，因而对早春放牧具有重要意义。它在开花前期草质细嫩，适口性尚可，为各类家畜所采食。嫩株用开水焯后可凉拌或炒食。

离子芥可在固定或半固定沙丘、砾石荒漠和漠钙土中生长，并巨极能适应低磷土壤，早春的旺盛生长对于稳定沙面、减轻沙尘有很大贡献，在荒漠植物群落演替、物种多样性、区域生态系统稳定性维持、土壤改良与防治水土流失等方面有较大的生态学价值，是荒漠植被恢复的先锋植物。离子芥发达的根系能分泌有机酸，溶解土壤中的盐分，根部细胞膜上的离子泵能精准调控钠钾比例，防止“盐中毒”，让它成为盐碱地改良的先锋植物。

离子芥的分布范围很广，在我国的辽宁、内蒙古、河北、山西等地都有分布，常常生活在海报 700 ~ 2200 米地带，从山坡、草丛到农田都有它的身影，是麦田常见杂草。

Ampelopsis humulifolia

葡萄家族的「叛逆少年」

14

葎叶蛇葡萄

葡萄科蛇葡萄属　木质藤本
花期 5 ~ 7 月
先锋植物 / 生态 可食 药用 观赏 织染 / 北方广布

名字听起来很复杂吧？其实很简单，因为它的叶片形状酷似葎草，而“蛇葡萄”形容它蜿蜒攀爬的生长习性，所以起了这个名字。

葎叶蛇葡萄为木质藤木，叶子是心状五角形或肾状五角形，裂片宽阔。多歧聚伞花序，与叶对生。果实近球形，小巧可爱，像一串串小葡萄，但千万别想着吃它哦，因为味道可不怎么好。其根部断面遇空气会氧化变黑。

古籍里对葎叶蛇葡萄的记载可不少，比如在《植物名实图考》里，它就被称为酸藤；在《泉州本草》里，它又被叫作野葡萄。这些名字虽然各不相同，但都形象地描绘了它的某些特征。它适应性强，生长快，寿命长，易繁殖，是水土保持、荒山荒坡绿化及植被恢复的优选树种。而且，它的叶片宽大，质地坚韧，是良好的攀缘植物，可供立体绿化观赏。

民间称它“见肿消”，常用它来治跌打损伤、瘀青肿痛。在有些地方，人们还会把它晒干后研磨成粉，外敷在患处。现代医学研究证实，它能活血散瘀、消炎解毒、生肌长骨、祛风除湿。

当代研究发现其叶子萃取物能对抗炎症；其根茎是天然染料界的黑马；藤条编织品防虫；茎皮纤维可造纸，做出的宣纸自带防蛀属性；广东人甚至开发出蛇葡萄凉茶。

Lindernia antipoda

写诗篇
泥里

15

母草科陌上菜属　一年生草本
高可达 30cm　花期春季到秋季
先锋植物 / 改良 入侵 药用 / 热带和亚热带地区广布

泥花草

泥花草堪称植物界的“三无人员”——没颜值、没身高、没香气，中文名“泥花草”充分暴露了命名者的敷衍：长在泥地 + 开花像草，完活儿！

它家常安在农田边，在植物界，能同时登上中国入侵植物名录和药用植物图鉴的，都是狠角色！它既是稻飞虱的产房，又是蜘蛛的食堂；能长在泥里，根系必须很发达，才能牢牢抓住泥土，防止被雨水冲走；枝条触土秒变分身战士，一株拓荒，全家落户；现代转型也很成功，它吸附重金属能力超强，专业给污染土壤“刮油清肠”。

泥里打天下，却还有点萌萌的。它的叶子肉肉的，有碧玉般的舒适色泽。花朵有紫色、紫白色或白色，让人印象深刻的是花朵唇瓣的中央是两个黄色的雄蕊，它们各向两边微微弯曲，像是两只黄色的触角或者眼睛，又像是鸭嘴般的花儿，还会吐舌头，超级可爱。圆柱形的蒴果中是不规则卵形种子，带着网状孔纹。花果期超长，贯穿春季至秋季。

Medicago minima

「卷」别人

不如

好好做自己

16

小苜蓿

豆科苜蓿属　一年生草本

高 5 ~ 30 cm　花期 3 ~ 4 月

先锋植物 / 改良 药用 饲草 / 石砾沙地

小苜蓿有个“顶流亲戚”叫紫花苜蓿。《史记》和《汉书》记载，汉代时期，汉武帝为了增强军事实力，到处寻找优良的战马，使者们最后在西域大宛国（今乌兹别克斯坦的费尔干纳盆地）发现了汗血宝马。汉武帝大喜，下令将汗血宝马和它喜爱的食物——紫花苜蓿一并带回中原。而小苜蓿可能是偷偷混进商队的“随行家属”。

与紫花苜蓿相比，小苜蓿算是小透明一样的存在，虽然固氮、饲用、药用等紫花苜蓿有的本领它都有，但是哪样都“卷”不过人家。

但它可从不自暴自弃，反而像打不死的小强，浑身上下写着“我小但我努力”，最终实现自己的价值。它不仅耐旱、耐盐碱、耐踩踏，水泥地缝里都能活；而且根系发达，种在沙漠边缘防风固沙；作为豆科植物，小苜蓿根部含共生根瘤菌，可固定大气中的氮素，显著提升土壤肥力。这一特性使其在矿山修复中被直接用于改善重金属污染或养分匮乏的土壤，是很好的生态修复植物。另外，游牧民族发现它虽然难吃，但能治牲畜腹胀。

Potentilla supina

17

从沙地救荒野菜
到生态圈「扫地僧」

朝天委陵菜

蔷薇科委陵菜属　一年生或二年生草本
高小于 20cm　花期 3 ~ 4 月
先锋植物 / 改良 可食 药用 / 广布于北半球温带及部分亚热带地区

北方的荒坡上，有一丛小黄花倔强地仰着脸，举着金灿灿的花盘向着太阳。它们茎叶贴地匍匐，根系能扎进碎石缝，在年降水量仅 300 毫米的区域生长……这就是朝天委陵菜。

“朝天”是它绝不低头的倔强宣言——五片金黄花瓣托着明黄雄蕊，花朵永远 45 度角仰望天空；“委陵菜”则是其家族名。在河北农村，老乡们更爱叫它“鸡毛菜”，毕竟羽状复叶炸开的模样，活像公鸡打架时崩飞的尾羽。

明代饥民曾靠它续命，《救荒本草》称其为“老鹳筋”，描述：“委陵菜，采嫩苗叶煠熟，水浸去苦味淘净，油盐调食……”《全国中草药汇编》认证其全草可治肠炎痢疾，内蒙古牧民还用它煮水给羔羊止泻。

朝天委陵菜分布于荒地、山坡、河岸沙地、石砾堆等受干扰或贫瘠生境，对干旱和低肥力土壤具有耐受性；生命周期短且种子扩散能力强，能快速占据裸露地表。茎部匍匐或直立生长，形成密集植被层，有效抑制水土流失。在矿山废地能吸附重金属，到草原沙区能固氮锁水土，因此成为生态修复界的“扫地僧”。园艺师还相中它抗旱耐踩的特性，铺成屋顶草坪。从它体内提取出的黄酮类物质还可美容养颜。

Paederia foetida

植物界的「螺蛳粉」

18

茜草科鸡屎藤属　藤状灌木
高 2～5 m　花期 5～6 月
先锋植物 / 改良 药食同源 观赏 / 林下

鸡屎藤

在福建、广东、海南一带，经常可见这种植物。把它的叶子揉搓后，有一股淡淡的鸡屎味道，因此得名。但你千万不要因为这个名字嫌弃它。它不仅是一种药食同源的植物，还有很好的绿化效果。

鸡屎藤在我国民间是很常用的草药之一，全草均可入药。《上海常用中草药》记载，祛风、活血、止痛、消肿，治风湿酸痛、跌打损伤、肝脾肿大、无名肿毒。《本草纲目拾遗》记载，中暑者以根、叶作粉食之，虚损者杂猪胃煎服。根煎酒，未破者消，已溃者敛。因有清热解毒、除湿、滋补的功能，在“两广”地区也有人叫其“土参”。鸡屎藤的叶片可食，虽然鲜叶有异味，但煮熟后清香味美。

鸡屎藤颜值也颇高，常被用作园林景观中的藤本地被植物，生长迅速，枝条能长得很长，若是很多株种在一起，枝条相互交叉密集一片，好似一张绿色的毯子。花不大，点缀在一片绿色之上很可爱！

鸡屎藤广泛分布于荒地、山坡、石砾堆、灌丛及城市绿化带等受干扰区域，对干旱、贫瘠土壤及荫蔽环境均有较强耐受性；种子扩散能力和茎部缠绕能力极强，可很快占据生长空间，展现先锋物种的拓荒特性。在矿山修复、荒坡绿化等场景中被用于覆盖裸露地表，其密集根系和藤蔓结构可固持土壤，改善微环境。

Cyperus serotinus

19

儿童游戏里的『晴雨表』

莎草科莎草属　多年生草本
高 40 ~ 100cm　花期 7 ~ 10 月
先锋植物 / 改良 药用 / 水湿地

水莎草

水莎草又名三棱草，因为它的茎是三棱的，小时候我们把它的茎摘下来，由两个小朋友分别从两端同时撕开，撕到中间时，如果两边都没断，形成一个“井”字形，就预示明天是个晴天。如果撕劈叉了，只好悻悻地一扔，考虑明天上学要不要带伞。哪怕它预测错了很多回，也深信不疑。

水莎草的花朵呈三角形，下面是一片片簇生的叶子。而茎秆中间没有任何的叶片，只是在顶端长一些叶片，然后就开花出来。地下根茎呈纺锤形，生长在比较阴暗潮湿的地方，根系非常发达。水莎草兼具种子繁殖与根茎无性繁殖，可快速占据湿润生境，形成密集群落；耐水淹、耐贫瘠，广泛分布于浅水湿地、稻田及路旁，适应南北不同气候条件。在湿地修复工程中，水莎草常被选作先锋植物，用于表流湿地和潜流湿地的植被配置，通过密集根系改善土壤结构、促进有机质积累，为其他湿地植物提供生长基础。

《中华本草》记载，水莎草味辛，微苦，性平，主肺经。在夏秋季节采摘水莎草的全草，洗净晾干后备用，然后把它泡开水当茶或煮汤喝，即可有效地缓解发热咳嗽、喉咙痛等症状。水莎草还可以协助治疗痰多、气喘、支气管炎等呼吸系统疾病。

Equisetum ramsissimum

一脚印
一步

20

木贼科木贼属
高 20 ~ 60cm　花期 5 ~ 7 月
先锋植物 / 改良 药用 / 水湿地

节节草

节节草的名字的由来是因为它那一节接一节的生长方式，仿佛自然的乐章，节节高升。

节节草是木贼科木贼属的植物，这个家族的植物大多具有类似的节状结构。根茎直立，横走或斜升，地上枝多年生。它的枝一型，绿色，主枝多在下部分枝，常形成簇生状。在茎秆的顶端，有一个小小的孢子囊穗，形状酷似松果，这是它繁殖的重要器官。它的孢子繁殖和分茎繁殖能力都很强，稍覆土保持湿度就能生根成活。

节节草在中医中有着广泛的应用，全草入药，性味甘苦平，具有清热利尿、明目退翳、祛痰止咳的功效。用于治疗目赤肿痛、角膜云翳、肝炎、咳嗽、支气管炎、泌尿系感染等。现代药理研究还发现，节节草具有保护肝脏、降血脂、抗氧化、抑菌、利尿、止血等作用。

节节草分布于我国东北、华北、西北、华中、西南地区，喜欢湿润的环境，但同时也非常耐旱，能在极端或受干扰的生境中（例如砂地、干旱环境、旧矿区等污染区域）率先快速定植，属于典型的先锋植物。

Kummerowia striata

饥年救星，生态新星

21

鸡眼草

豆科鸡眼草属　一年生草本
高 5 ~ 45cm　花期 7 ~ 9 月
先锋植物 / 改良 可食 药用 蜜源 / 广布

鸡眼草是一种常见的野草，外观酷似三叶草，因其叶片呈现凹凸不平的形状，难以整体掐断，因此得名“掐不齐”。它的叶片形状也有点像鸡的眼睛，因此得名鸡眼草。还有一些别名，如瞎眼草、人字草、三叶人字草、公母草、牛黄黄等。在我国广泛分布，常见于田间地头或山地丘陵。

鸡眼草整个植株覆盖着短柔毛和散生的毛，增强了其抗风沙和抵御虫害的能力。通常呈披散或平卧状，具有许多分支。红紫色或紫红色的小花呈蝶形；小种子黑色。

鸡眼草有着很高的药用和食用价值。可清热解毒、活血、利湿止泻等。《救荒本草》中记载：将鸡眼草捣烂提取汁液后，用冷水淘净后饮用，可用于救治中暑等情况。另外，在《福建中草药》中也记载了鸡眼草可以用来治疗消化不良和腹泻等症状。

此外，鸡眼草是典型的生态先锋，正在开发的生态新星：它是固氮能手、优质绿肥，翻压入田后可提供丰富有机质；它花期长达 70 天，为蜜蜂、食蚜蝇等几十种传粉昆虫提供蜜源；种子含油率高，是鹌鹑、麻雀的越冬粮食；它还是牧草新星，适口性优于苜蓿，正在内蒙古沙地推广为抗旱饲草；另外，它的匍匐茎形成致密网络，能使地表径流减少，土壤侵蚀量降低 82%。

Cynanchum thesioides

荒漠里的『全能编制瓜』

22

地梢瓜

夹竹桃科鹅绒藤属　草质或亚灌木状藤本
花期 3 ~ 8 月
先锋植物 / 改良 可食 药用 / 石砾沙地

别看灰头土脸，我可是有编制的正经瓜！在内蒙古、甘肃等沙地混得风生水起，抗旱且专治各种水土不服。

老祖宗给我们取名真是贴切，“地梢瓜”——长在地里的（地）、枝头挂果的（梢）、长得像瓜的（瓜）。本瓜身高 30cm，走小清新路线，叶似柳叶自带流线型防风设计。最得意的是划破表皮秒变“植物奶牛”流出白色乳汁。8 月是我们的高光时刻，青玉色纺锤瓜自带膨胀特效，像迷你版太空飞船。《救荒本草》里我们叫“女青”，听着像修仙女主，其实人家是饥荒时期的救命粮。河北老乡叫我们“羊不奶”，绝对是对哺乳能力的最大误解——咱的乳汁明明能治瘊子。

明代《野菜谱》记录我们是灾荒救济粮，我们的青果自带黄瓜味薯片口感。果实成熟后果壳开口笑成两瓣，自带蒲公英同款降落伞。在老中医眼里，我们也是全能选手：乳汁点瘊子，全草治咳嗽。《中国沙漠地区药用植物》给我们颁发过锦旗，专治各种咳喘、浮肿、奶水不足。

当代我们还来了一次华丽转型：因为根系自带 3D 固沙网，可进行荒漠治理。还有，我们果壳里的絮状物比鸭绒还蓬松，裂开后带茸毛的种子可以传播到很远。

Oxybasis glauca

抗盐
先锋

23

灰绿藜

苋科市藜属　一年生草本
高 20 ~ 40cm　花期 5 ~ 10 月
先锋植物 / 改良 可食 药用 / 温带广布

灰绿藜，苋科市藜属的一年生草本植物，但以前它分属苋科藜属，后来植物学家们觉得它太特别了，就给它单独分了家，并成了市藜属的一员。

灰绿藜特别可贵的是适宜盐碱生境。在盐碱地种植它们，能够降低土壤的含盐量，增加土壤有机质，从而显著改善土壤的质量。所以它还有“盐灰菜”的别名！

灰绿藜茎平卧或外倾，上面还有条棱和绿色或紫红色的色条，就像是穿了一件花衣服。叶子矩圆状卵形至披针形，肥厚得很，边缘还有缺刻状牙齿。花两性，兼有雌性的，通常数花聚成团伞花序，再排列成穗状或圆锥状花序。跟藜比起来，灰绿藜的植株要矮一些，茎秆也没有那么直立粗壮，这增强了它抗风沙的能力。跟小藜比起来，叶片形状又不太一样，小藜的叶片通常三浅裂，而灰绿藜的叶片则是完整的矩圆状卵形至披针形。

灰绿藜在农村很受欢迎，常常被作为野菜，营养丰富，也是很好的牧草。不过需要注意的是，灰绿藜，对一些人有过敏反应。《本草纲目》中还记载，灰绿藜（或同类植物）的全草可以入药，具有清热、祛湿、解毒、消肿等功效。

Tribulus terrestris

24

江湖暗器『铁蒺藜』的原型

蒺藜

蒺藜科蒺藜属　一年生草本
高 10 ~ 50cm　花期 5 ~ 8 月
先锋植物 / 入侵 可食 药用 / 广布

小时候在农村喜欢赤脚走路，最怕的就是踩上蒺藜，因为蒺藜的刺扎人。蒺藜果实的形象，正是传说中的江湖暗器“铁蒺藜”的来源。

蒺藜喜欢温暖湿润气候，耐干旱，怕涝，以疏松肥沃、排水良好的沙质土壤为宜，可生长于沙地、荒地、山坡、居民点附近，在中国各地均有分布。

蒺藜果实提取物入药后能增加人体内血流量和血液循环，是运动员、健身爱好者的最爱之选。《本草纲目》曾有记载，古方补肾治风，皆用刺蒺藜，后世补肾多用沙苑蒺藜，或以熬膏和药，恐其功亦不甚相远也。蒺藜在青嫩时还可作饲料。

蒺藜具备先锋植物的特性，可优先定殖于沙地、荒地、山坡等贫瘠或受干扰的裸露地表，但过度繁殖可能排挤其他本土植物，形成单一优势群落。

蒺藜与蒺藜草（*Cenchrus echinatus*）一字之差，但两者大为不同。前者为蒺藜科本土植物，全国分布，常见于沙地、荒地，后者是禾本科，被我国列为“入侵植物”，原产热带美洲。

Portulaca oleracea

25

马齿苋

马齿苋科马齿苋属　一年生草本
高 10 ~ 20cm　花期 5 ~ 8 月
先锋植物 / 可食 药用 / 广布

叶子形状像马齿，质地滑嫩像苋菜，因此得名马齿苋。马齿苋始载于《本草经集注》，因其叶、梗、花、根、子分别为青、赤、黄、白、黑五色，与五行相对应，故也称五行草、五方草。

马齿苋自古就是一道美味的野菜。它最初产自巴西，后来广泛分布于全世界的温带和热带地区，中国各地都有。马齿苋喜欢高湿环境，对旱情和涝情都有一定的耐受能力，并且喜阳性，生命力非常强。常见于菜园、农田和路边，是田间常见的杂草。

在中医理论中，马齿苋具有清热解毒、凉血止血的作用。此外，马齿苋富含大量的钾盐，具有良好的利水消肿作用。富含胡萝卜素，能促进溃疡的愈合。还富含丰富的脂肪酸，具有预防心脏病的作用。在民间马齿苋用来煮水喝，可以清热解毒、减肥瘦身、治疗口腔溃疡、降血糖、防癌抗癌、改善便秘问题、降血压等。

马齿苋是当之无愧的先锋植物，它在受干扰区域（如撂荒农田、工地废墟）和贫瘠土地（盐碱地、沙质土）上总能率先扎根，像拓荒者一样快速占领地盘，通过根系分泌有机酸改良盐碱地，为后续植物创造宜居环境。肥厚肉质叶含大量黏质细胞，干旱时缩水进入“省电模式”，遇水回弹为果冻质感。

Funaria hygrometrica

26

不起眼的『拓荒者』，藏着大能量

葫芦藓科葫芦藓属　一年生草本
高 10 ~ 20cm　花期 5 ~ 8 月
先锋植物 / 可食 药用 / 广布

葫芦藓

在森林的角落、湿润的墙缝，甚至火山喷发后的焦土上，总有一层毛茸茸的绿色“地毯”悄然铺开——这就是葫芦藓，一种仅有指甲盖大小的苔藓植物。别看它其貌不扬，却是自然界的“生态工程师”，用微小身躯重塑着荒芜之地。

没有真正的根，却能用假根紧扒岩石，分泌酸性物质溶解岩面，让石头裂开细缝。随着风化碎屑和自身残体堆积，贫瘠的岩石上竟能形成一层薄土，为后续植物扎根提供珍贵养分。

火山爆发、山体滑坡后的死寂之地，葫芦藓总是最早现身。它像海绵一样锁住雨水，调节局部湿度，还能吸附空气中的粉尘和氮元素。这些“基建工程”为地衣、草本植物创造了生存条件。在北极冻原，它甚至能提升土壤温度，帮助种子植物越冬。

葫芦藓对污染极度敏感。实验显示，当空气中二氧化硫浓度超过 0.05ppm 时，它的叶片就会发黄枯萎。这种特性让它成为环保工作者的“天然检测仪”。人们通过观察不同区域的葫芦藓生长状态，就能快速锁定污染源。

显微镜下的葫芦藓丛林，竟是微生物的“豪华社区”。1 克湿润的葫芦藓体内，可能居住着 15 万只轮虫、线虫和缓步动物（俗称水熊虫）。这些微小生物在此觅食、繁殖，构成独特的“藓栖生态系统”。

03

改良植物

大地的医生

大地医生的治愈之力

在地球受伤的肌肤上，一簇簇不起眼的植物正悄然施展着魔法——它们用根系缝合崩塌的山体，用叶片过滤污浊的水流，甚至将有毒的土壤转化为生命的温床。这些被称为“生态工程师”的植物，以沉默却强大的力量，重塑着人类与自然的共生关系。它们可固土护坡、改良土壤、净化水质、抗盐碱等，来守护医治受伤的大地。

固土护坡：大地的“锚固者”

水土流失是生态退化的头号威胁，而根系发达的植物是天然的“固土卫士”。据记载，紫穗槐的根系能深入地下 2 米，形成网状结构锁住土壤；香根草的须根密如毛毡，抗冲刷能力是普通草皮的 6 倍。在高速公路边坡或矿山修复中，这类植物通过“活体栅栏”效应，有效减少滑坡风险。我国云南的元阳梯田，正是依靠层层叠叠的旱冬瓜林根系，维系了千年水土平衡。

土壤改良：地力的“修复师”

贫瘠土壤的重生需要植物“医生”。豆科植物如紫花苜蓿，通过与根瘤菌共生，每年每公顷可固氮 150 ~ 200 千克，相当于施用 300 千克尿素。深根系的苜蓿还能打破土壤板结，其根系腐烂后形成的腐殖质，让沙质土保水能力提升 30%。在东北黑土地保护工程中，苜蓿与玉米轮作，使土壤有机质含量年均回升 0.3%。

水质净化：水域的“过滤器”

水生植物构建着天然的净水系统。芦苇的根茎能分泌抑菌物质，其发达的通气组织为微生物提供栖息地，形成“根际过滤器”，对氮磷去除率高达 90%。香蒲更被誉为“污水处理器”，实验显示，种植香蒲的富营养化水体，两周内总磷下降 65%，透明度提升 50%。苏州金鸡湖生态修复工程，正是通过构建芦苇 - 睡莲 - 苦草复合群落，使水质从劣 5 类提升至 3 类。

毒素吸附：环境的“清道夫”

面对重金属和有机物污染，超富集植物展现惊人能力。有实验表明，蜈蚣草茎叶对砷的富集量可达土壤的 100 倍，相当于将毒物“打包”运输至叶片。

盐碱克星：逆境中的“垦荒者”

盐碱地改良是世界性难题，但耐盐植物创造了生命奇迹。柽柳通过叶片泌盐腺排出盐分，每株年排盐量达 30 千克；碱蓬的肉质化茎叶能稀释盐浓度，其根系分泌物还可中和碱性。在黄河三角洲盐碱地，种植碱蓬成功让“不毛之地”重现生机。

从黄土高原的沙棘林到长江口的芦苇荡，从切尔诺贝利的向日葵田到迪拜的盐碱地绿洲，这些植物用最朴素的生存智慧，完成着最复杂的生态工程。它们提醒人类：真正的生态修复，不是征服自然的技术狂欢，而是学会成为自然循环中的一环。当我们以谦卑之心，将这些绿色工程师请回受伤的土地，大地自会重现生机。

弯齿盾果草花

Ficus microcarpa

独木成林的『佛系』传奇

01

榕树

桑科榕属　乔木
高可达 20 ~ 30m　花期 5 ~ 6 月
改良植物 / 药用 / 山地平原

你一定听过一句俗语“独木不成林”，但是有一种树，粗壮的树干盘根错节，茂密的树冠遮天蔽日，远远望去宛如一片小森林，这种树就是榕树。

榕树高度在 20 ~ 30 米，树干的直径可以达到 2 米左右，主要生长在热带和亚热带地区，在中国的分布主要是温暖湿润的南方城市，它的主干和枝条上有很多皮孔，每一个皮孔都可以长出“枝条”，倒着生长的枝条就是气生根。气生根一直向下生长，直到接触地面，这个时候，气生根开始在地面扎根，越长越粗，最后形成真正的树根。如此循环往复，每个枝干都会生长出很多侧枝和侧根。榕树的寿命一般都很长，古老的榕树可以长出 1000 多条支柱根，最多的可有 4000 多根，一棵榕树就是一片森林。

菩提树（*Ficus religiosa*）就是榕属中的一种。在佛教中，菩提树具有极高的神圣地位。传说中，佛教始祖释迦牟尼在 29 岁时离别双亲、妻儿，出家修佛，经过 7 年冥思苦想，最终在一株菩提树下“大彻大悟”而成“佛”。因此，菩提树被佛家尊为神圣的树木，象征着佛法的智慧和福报。

榕树是树冠最大的树，所以榕树在风景园林中经常作为行道庇荫树。药用部位主要是其根、树皮和叶子，具有抗菌、止血、抗氧化和解热镇痛的作用。

Rhizophora apiculata

咸水里泡脚的生态『大V』

02

红树

红树科红树属　乔木或灌木
高 2 ~ 4m　花果期几全年
改良植物 / 药用 果实可饲用 / 山地平原

早在清朝的《海国闻见录》里，就有红树林“根株蟠结，潮汐浸没而不凋”的记录。古人虽然不懂生态学，但发现红树林能防台风、护农田，直接封它为“海岸保安大队长”。渔民点赞：“有红树林在，浪小鱼多，晚饭天天加鸡腿！”

每天泡在海水里，红树却不会变成“咸菜”。它的叶子自带盐腺，能像喷水枪一样把多余的盐分排出去，堪称“植物界净水器”。还有，红树的根堪称“植物界变形金刚”：支柱根像踩高跷一样从树干上斜插进泥里，台风来了也稳如泰山。呼吸根是地面冒出一堆“小烟囱”，专门负责给泡在水里的根部输送氧气。

虽然名字带“红”，但红树的叶子明明是绿的。真相藏在它的树皮里——富含单宁酸（鞣酸），一旦接触空气就会氧化变红。古人砍树时看到断面发红，一拍大腿：“就叫红树吧！”

红树能够耐受高盐、周期性淹水等极端环境，能优先在裸滩或受干扰的潮间带定植，为后续物种创造遮蔽和土壤稳定条件。呼吸根可穿透缺氧淤泥，其隐胎生繁殖特性确保幼苗快速扎根，显著提升潮间带裸地的拓荒效率；发达根系（如支柱根、板状根）可减缓海浪冲击，减少海岸侵蚀，被称为“消浪先锋”，是沿海生态修复工程的核心物种。除了上述硬核本领，红树的木材坚硬防虫，是盖房子、造船的抢手货；树皮可提取单宁酸，皮革鞣制、染料制造全搞定；果实能作饲料；叶子入药治皮肤病，实在是“浑身是宝”。

Thyrocarpus glochidiatus

名字就是我的防伪标志

03

弯齿盾果草

紫草科盾果草属　一年生草本
高 10 ~ 30 cm　花期 4 ~ 6 月
改良植物 / 先锋 药用 观赏 / 我国南方山地

“弯齿盾果草”这名字，简直是太贴切直白了！盾果：果实成熟时自带圆形或肾形的盾状附属物，像给种子穿了防弹衣；弯齿：果实边缘有一圈弯曲的小锯齿，显微镜下看仿佛迷你狼牙棒。它还有个可爱的江湖外号——“蓝星草”，开花时像撒了一地蓝星星，治愈着荒野。

弯齿盾果草为我国特有，是中国南方山地植物，悬崖、石缝、荒坡等地，给点阳光就灿烂，它属于紫草科盾果草属，和勿忘草、琉璃苣是远房亲戚同属紫草科。个子不高，10 ~ 30 厘米，茎秆细弱，分枝呈“之”字形走位。叶片长椭圆形，表面密布糙毛，摸起来像砂纸，可以防虫啃。

虽然不起眼，但它的根系能牢牢抓住岩石，防止水土流失，是山体复绿的“急救队员”。早春开花，为山间昆虫提供餐饮，是生态链底层守护者。

现代研究发现其含黄酮类化合物，对消炎镇痛有潜力；民间偏方用鲜草煮水洗眼，缓解结膜炎。凭借独特的个性和颜值，如今它成为园艺界新宠，岩石花园、多肉盆栽里种几株，“Ins”风轻松拿捏。

Pontederia vaginalis

我不是鸭跖草，有水我才能活

04

雨久花科梭鱼草属　水生草本
高 6 ~ 50cm　花期 8 ~ 9 月
改良植物 / 药用 饲草 / 广布

鸭舌草

对于从小生活在农村或有乡村生活经历的小伙伴来说，这种植物肯定不陌生，它是池塘随处可见的漂亮“花饰”，是辛勤劳动者们喜闻乐见的“猪草”，更是农民伯伯憎恶的田间“杂草”，因叶子的形状看起来像一只鸭子的嘴巴而得名鸭舌草。

鸭舌草也叫水锦葵、水玉簪、肥菜，根状茎极短，具柔软须根，茎直立或斜上。它的花紫色，从茎的中部抽出来。全株光滑无毛，叶片形状和大小变化较大，在全国的水稻种植区，以及长江流域及以南地区均有分布。

鸭舌草全草都能入药，于夏、秋季采收，鲜用或切段晒干。味苦性凉，有清热解毒、凉血利尿、抑菌消炎之功效。如果有感冒发热，可采摘它的成熟叶片，洗净生嚼其汁水，可缓解。

鸭舌草鲜艳的花能够吸引蜜蜂和蝴蝶等各种昆虫，促进花粉传播和植物的繁殖。茎和叶子可以给小型动物和鸟类提供庇护和食物。顽强的生态适应能力，使其能够在各种自然生境中发展和繁殖，为生物多样性的维持做出贡献。

Pontederia korsakowii

05

雨天不emo，就看雨久花

雨久花

雨久花科梭鱼草属　水生草本
高 30 ~ 70cm　花期 7 ~ 8 月
改良植物 / 药用 观赏 / 水湿地

雨久花和鸭舌草是一家的，都是雨久花科梭鱼草属的水生植物，但花序可是大相径庭。雨久花的花序梗长 5 ~ 10 厘米，总状花序顶生，有时排成总状圆锥花序，而鸭舌草的花序梗就短多了，只有 1 ~ 1.5 厘米。作为“科长”的雨久花经常跟鸭舌草炫耀说：“看我这长长的花序梗，多像天鹅的长脖颈。”

雨久花的名字源于日语中“雨”和“久花”两个单词的组合，因为它总是在梅雨季节里开放，越是雨天开得越精神。也有说法认为，这个名称出自康熙年间的《秘传花镜》，书中描述雨久花“苗生水中，叶似茈菇，夏月开花，似牵牛而色深蓝”。而在泰国和老挝著名的宋干节上，女神玛赫桐就是头戴箭叶雨久花。雨久花还有个古风满满的别名——蓝鸟花，因为花瓣形似展翅的蓝鸟。想象一下：水面上停着一群“蓝鸟”，这画面太“仙”了！

雨久花不仅颜值出众，而且全草可以入药，其味甘、凉，有清热解毒、止咳平喘、祛湿消肿的功效。主要用于治疗高烧咳喘和小儿丹毒。根系能吸收水中污染物，是天然水质净化器。

Kyllinga polyphylla

能吸毒
却不带毒

06

莎草科水蜈蚣属　多年生草本
高 20 ~ 30cm　花期 5 ~ 6 月
改良植物 / 药用 / 广布

水蜈蚣

乍看名字会想到蜈蚣这种毒虫，但实际上它是一种水生植物，并没有毒，因为匍匐茎上长出白色的须根，一节节的很像蜈蚣，就给它起了这个名字。

水蜈蚣还有一个别名叫水夹子，因为它的叶片呈现出夹子状，就像是一个个小夹子漂浮在水面上。茎呈圆柱形，通常呈现出绿色或者棕色。

水蜈蚣喜欢生长在水流缓慢的淡水环境中，如湖泊、河流和池塘等。由于其对水质的适应性较强，水蜈蚣在全球范围内都有广泛的分布，在中国分布于华南、华东、西南和华中等地区。由于分布广泛，在各地有着不同的别称，如三夹草、发汉草、三星草等，有几十种之多。

水蜈蚣是水生生态系统中的关键组成部分，为其他生物提供了栖息地和食物。叶子可以为水生昆虫和小型动物提供遮蔽和栖息的场所，同时它的根系也能够吸收水中的有害物质，尤其对砷有很好的吸附作用，可净化水质。

虽然对农作物有害，但它具有疏风解毒、清热利湿和活血解毒的功效，主要是煮水内服、捣汁外敷以及浸酒外敷。水蜈蚣植株矮小而密集，状如地毯，适合种植在小环境中，可以作为水边的草坪植物，也可用作盆栽观赏。

Eriocaulon buergerianum

『眼药侠』湿地

07

谷精草科谷精草属　稀水生草本
高 15 ~ 30cm　花期 7 ~ 12 月
改良植物 / 药用 观赏 / 水湿地

谷精草

关于谷精草的记载，最早可以追溯到宋代的《开宝本草》，得名“谷精草”是因为它生长在谷田周围的潮湿地带。《本草纲目》也记载：（世移曰）谷田余气所生，故曰谷精。除了谷精草这个名字外，还有戴星草、文星草、流星草、佛顶珠等别名，这些名字大多都和其外形有关。

谷精草的整体高度比起很多野生杂草来说，都要低矮不少，植株整体呈现碧绿色，外观看上去非常清新，而且叶片十分修长纤细，到了成熟期以后，在叶片顶部还会长出一枚枚圆形小白花，远远看上去，就好似戴了一顶“白帽子”，非常美观。而且谷精草又是一种成群生长的植物，所以在野外看见，往往就是一大片。

谷精草是一种非常好用的野生中草药，功劳其实全在它那顶“小白帽”，学名叫作谷精珠。采集处理好的谷精珠，有着多种非常实用的药效，能祛风散热，也能明目退翳，对头痛、牙痛以及目赤肿痛，都有良好预防和治疗作用，而且平时它可以当保健食材。谷精草的花茎纤细，成熟后可作为干花，是制作微型插花的良好素材。

如今，生态学家发现它既能用密麻根系拉住水土防止田埂塌方，又能给蜻蜓幼虫当水上摇篮；它体内还有抗菌的谷精草素，抗氧化的黄酮成分也让美妆界欣喜。园艺人则把这田间杂草请进花盆，搭配苔藓造景一个“桌面迷你星空”。

Eriocaulon cinereum

头顶白帽子有魔法

08

白药谷精草

谷精草科谷精草属　一年生草本
高 6 ~ 19cm　花期 6 ~ 8 月
改良植物 / 药用 观赏 / 水湿地

白药谷精草与谷精草虽为“亲戚”，但在形态、药用价值及生态适应性等方面存在显著差异。

形态特征方面：白药谷精草植株较矮小，叶片呈狭线形，长度仅 2~5 厘米（谷精草可达 8-15 厘米），质地半透明，叶脉细密而清晰，整体显得更纤细柔弱。头状花序呈宽卵形或近球形，直径约 4 毫米，与谷精草相近，但外苞片光滑无毛（谷精草苞片密生柔毛）。花朵密集排列，颜色多为灰白色或淡黄色。种子呈卵圆形，表面具规则的六边形网格状纹路，无突起（谷精草种子有横格及 T 形突起）。

白药谷精草可全草入药，或单独取花茎及头状花序使用（谷精草仅以花序入药），资源利用率更高。两者均能清肝明目、退翳，但白药谷精草更擅长疏风散热，常用于风热感冒、目赤肿痛、咽喉炎等症；谷精草则偏重治疗头痛、鼻渊（鼻窦炎）、牙痛等头面部疾患。

白药谷精草分布更广，从中国南方到东南亚、非洲均有生长；谷精草则集中分布于东亚湿润地区，对水质和土壤湿度要求更高。

总的说来，白药谷精草以短小纤细的植株、光滑无毛的苞片、六边形网格种子为典型形态标志，药用上更侧重“疏风散热”，且生态适应性更强。虽与谷精草药效相近，但因其全草可用、资源丰富，在现代开发中更具潜力。

Astragalus sinicus

生态纽带、
绿肥之王

09

豆科黄芪属　二年生草本
高 10 ~ 30cm　花期 2 ~ 6 月
改良植物 / 药用 饲草 / 山坡 水湿地

紫云英

在江南的早春田野间，常见一片片随风摇曳的绛紫色花海，这便是农人种植的紫云英。它的根系密布根瘤菌，是固氮能手，被誉为“绿肥之王”。早在唐代，它就被用于稻田冬闲期种植，17 世纪传入日本，19 世纪推广至东南亚及欧洲。

在中国传统文化中，紫云英以其淡雅的色彩和独特的花形，常被文人墨客用来形容女子的美丽和高贵。其花朵最具辨识度：蝶形花冠呈伞形花序，旗瓣绛紫或粉白，翼瓣与龙骨瓣点缀淡红纹路。

紫云英全草均可入药，性微辛、微甘，平，具有祛风明目、健脾益气、解毒止痛的功效。全草主治急性结膜炎、神经痛、带状疱疹等；根可治疗肝炎、营养性浮肿、月经不调等；种子则可治疗目赤肿痛。此外它还有抗衰老的功效，种子提取物丙酮可美白。

紫云英还是维系良好生态的纽带。它是非常好的蜜源植物，花蜜可吸引熊蜂、切叶蜂等 70 余种传粉昆虫，紫云英蜜因葡萄糖结晶细腻，被誉为“东方液态琥珀”；豆荚为田鼠、野兔提供越冬食物，因为营养含量高，适口性好，近年来成为牛羊生态养殖新宠；重金属污染区种植紫云英，可使镉、铅含量显著降低。中国农业科学院研发的“紫云英—水稻—油菜”轮作系统，使农田温室气体含量大大减少。

Marsilea quadrifolia

穿越《诗经》去采蘋

10

蘋科蘋属　水生草本
高 5 ~ 20cm　不开花
改良植物 / 可食 药用 观赏 / 水湿地

蘋

“于以采蘋？南涧之滨”。在《诗经》中，女子采蘋最初是为了祭祀祖先而做的一种准备活动，象征着女子的纯洁、柔顺和循礼守法，与女子四德紧密相连。到了《楚辞》中，蘋更是与兰、芷等香草并列，进一步说明其作为江南风物的地位。

“蘋”的简化字为“苹”，又叫田字草、田字萍、夜合草、大浮萍、四叶菜等。其根状茎匍匐泥中，细长而柔软，叶柄顶端有四片小叶，十字形对生，长得像幸运草，可是不能开花。孢子囊双生或单生于短柄上，长椭圆形，呈褐色，木质而坚硬。

蘋偏爱温暖的气候，但也能耐受寒冷，广泛分布于中国长江以南各地，很多生活在南方农村的朋友应该都见过它，在以前的稻田里，经常漂浮着成片的蘋，不过很多时候都被用来喂鸭子了。

蘋在我国作为野菜的历史很悠久。春季时，蘋的嫩茎叶炒食或做汤均可，味道鲜香。

蘋可药用，味甘性寒，《本草拾遗》中记载：捣绞取汁饮，主蛇咬毒入腹，亦可敷热疮。具有清热解毒、利水消肿的功效，可治热目赤、肾炎、肝炎等症。因外观独特精致，还非常适合用于小环境的水景布置或盆栽观赏。

Hemisteptia lyrata

11

头顶紫色小花帽，甘当诱蚜「志愿兵」

泥胡菜

菊科泥胡菜属　一年生草本
高 30 ~ 100cm　花期 3 ~ 8 月
改良植物 / 可食 药用 / 广布

泥胡菜别名超多，与动物相关的有猪兜菜、牛插鼻、猫骨头、苦马菜；与形态和颜色相关的有剪刀草、绒球、石灰青、田青、糯米菜、石灰菜……用得较多的是带有“苦”字的：花苦荬菜、苦郎头、苦蓝头菜、野苦麻、苦荬菜，点明了这是一种带有苦味的野菜。

泥胡菜的叶子酷似蒲公英，但明显更大一些，叶子有两种颜色，叶面是绿色，叶背是灰白色，还有一些小茸毛。开花以后，区别就更大了。泥胡菜的花是管状花，当它们全部开放时，看起来像是英国阅兵式上士兵们戴着的帽子，只是颜色不一样，是紫色的。

泥胡菜是药食两用植物。作为野菜，一般是吃其嫩苗，等到茎抽出来，也就老了。江南一带，人们做青团时会用一种野菜染绿，而泥胡菜就是其中之一。泥胡菜全草入药，性凉味苦，清热解毒，消肿祛瘀，尤其是对乳腺炎、颈淋巴结炎、痈肿疔疮、风疹瘙痒等疾病具有很好的治疗效果。

泥胡菜还有个特别的地方，很容易吸引黑蚜虫，这个特点被用在了生态农业上。人们把泥胡菜当作“志愿植物”，让它来吸引蚜虫，如此，真正的主角植物受到了保护。

Cirsium arvense

荒芜干旱
都不怕，就做
丝路守护草

12

丝路蓟

菊科蓟属　多年生草本
高 50 ~ 160cm　花期 6 ~ 9 月
改良植物 / 入侵 / 水湿地

著名科普动画片《鼹鼠的故事》里丝路蓟多次出现。原产欧亚大陆的它和国内常见的刺儿菜有几分相像，在中国基本上是沿丝绸之路分布的。花期的丝路蓟如同一把艳丽的蓝色火炬，给丝路注入了一抹生机。

丝路蓟具有明显的季相变化。春季通过地下根系形成大型“克隆”群落，长出高达 1 ~ 1.2 米的茎。夏天开出美丽的蓝色花朵，吸引众多蜜蜂、蝴蝶等昆虫。秋季时，这些茎通常会部分倒伏，但若有其他植物作支撑，仍能保持挺立，

丝路蓟的叶子边缘具有锐利的锯齿，叶面有细小的茸毛。这种形态有助于植物在干旱环境中保持水分。作为欧亚大陆和北非干旱地区的典型植物，丝路蓟对于维护干旱地区的生态平衡具有重要作用。在食物链中丝路蓟是许多动物的食源。此外，丝路蓟的根系可以改善土壤质量，提高土壤保水能力。

但在英国，丝路蓟被定为有害的野草，在很多地区也被认为是严重的入侵物种。

Vicia unijuga

这头菜是落枕了吗？

13

歪头菜

豆科野豌豆属　多年生草本
高 (15) 40 ~ 100(~ 180)cm　花期 6 ~ 7 月
改良植物 / 药用 可食 观赏 饲草 / 广布荒草坡

植物里也有“杠精”，不信你看歪头菜的叶子，别的植物叶子要么对着长，要么错开一点点，要么转圈圈生长，它偏偏每两片叶子长在一边。它的花也歪到一边去了，开在脑门上，一开一大堆，花冠从紫红色到蓝紫色渐变，很像豌豆的花，所以把它称为“歪头菜”。

歪头菜别名很多，如草豆、两叶豆苗、三叶、三铃子，在河南、山东叫豆苗菜，在山西叫山豌豆，在青海叫偏头草，在江西叫豆野菜，在山东还叫鲜豆苗等。

歪头菜深受牲畜喜欢，嫩时亦可为蔬菜，全草还可药用，有补虚、调肝、理气、止痛等功效。青海民间用于治疗高血压及肝病，民间谚语：“闻得三铃响，咳嗽痰不响。”说明歪头菜有止咳化痰作用。

它生长旺盛，广布荒草坡，茎叶疏被柔毛，可减少水分流失，能在山地黑钙土、栗钙土及森林褐土等贫瘠或坚硬土壤中稳固扎根，亦用于水土保持及绿肥，为早春蜜源植物之一。

因为很秀丽，花序硕大成串，花期又特别长，因而也常用在园林以及城区绿化。

14

低调的『跨界全能选手』

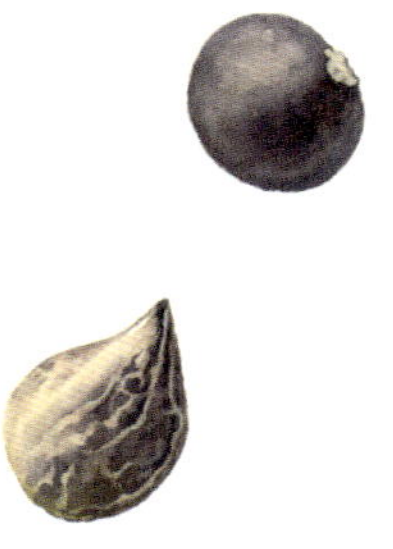

蓼科
卷茎蓼 / 水蓼 / 丁香蓼 / 戟叶蓼 /
柳叶刺蓼 / 两栖蓼 / 西伯利亚蓼 / 酸模叶蓼

蓼类家族

“蓼类皆高扬，故字从翏，有高飞貌”——《本草纲目》中，李时珍对蓼类植物由衷赞叹。从《诗经》走来的蓼科家族，一路陪伴着华夏农耕文明前行的脚步。它们当过家畜的饲草，也是救荒的口粮；后来人们发现有的成员是酿酒大师、解毒神医，有的是肥田达人，还有的竟是捕鱼高手……

卷茎蓼：农田里的霸道总裁

外号“荞麦蔓”，走的是“黑红路线”。细长藤蔓见啥缠啥，小麦、果树都难逃它的“死亡缠绕”，气得农民直跳脚。但人家也有闪光时刻：茎叶富含氮磷钾，烂在地里就是顶级绿肥。

水蓼：廖科家族的水中代表

水蓼的外形比较奇特，有些类似于竹子，分枝很多，且节膨大。花有点像狗尾巴草一样，呈紫红色。水蓼还有一个特点，那就是浓重的辛辣味，比辣椒还辣，古代为常用调味剂，因此也让它在民间有了“辣蓼”“辛菜”“辣子草”“辛蓼”等俗称。

在古代，水蓼的嫩茎叶是作为蔬菜来食用，种子是用来入药的。在今天，中国少数地区仍然有食用水蓼的习俗，一般每年 4 ~ 5 月采摘嫩苗、嫩叶食用。

在《唐本草》中就有记载：“水蓼，味辛性温，有祛风利湿、散瘀止痛、解毒消肿之效。”水蓼在夏季还有一个妙用，就是将它的叶子揉碎挤出汁水，和水兑一下擦拭到皮肤上，可以驱蚊虫，以及对付蚊虫叮咬而引起的肿痛。

除了以上价值，水蓼还有一个价值是在如今被广泛运用的，那便是用它来制酒曲，它不仅能让酒更为香辣，同时因为水蓼本身有着药用价值，所以用水蓼酒曲酿出来的酒具有很好的食疗价值。

丁香蓼：深藏不露的江湖郎中

别看它开着人畜无害的小黄花，民间早就解锁了它的隐藏属性——跌打损伤急救包！把茎叶捣碎敷在瘀青处，活血化瘀效果堪比“红花油”。更具特色的是它的种子，表面布满横纹路，活像微缩版“防滑轮胎”。

戟叶蓼：戟形胎记赋超能

戟叶蓼因其叶子外形酷似古代兵器方天画戟而得名。戟是一种既可直刺又可勾拉的格斗兵器，象征着勇猛和力量，让人不禁联想到那些挥舞着方天画戟的英勇战士。

柳叶刺蓼：清热解毒护生态，酿好绍兴黄酒不可缺

神秘的东方之草柳叶刺蓼，又称水蓼，高度为 30 ~ 60 厘米，稀疏地长有向下弯曲的钩刺，叶片为披针形或长圆状披针形。花和果实以数个花穗组成的圆锥状花序为特征，花序生于顶端或叶腋。花之间排列稀疏，花色为白色或淡红色。瘦果近似圆形，略带扁平，呈黑色，无光泽。

很多人都会将柳叶刺蓼和酸模叶蓼混淆，其实想要分辨它们只需要看叶子就可以了。柳叶刺蓼的叶子细长，且叶片上比较光滑、无花纹，而酸模叶蓼叶子则比较宽，叶片三分之一处有明显的花纹。

柳叶刺蓼生长于海拔 50 ~ 1700 米的山谷草地、田边和路旁湿地。其分布范围包括中国东北、华北、甘肃、山东和江苏等地。它的生命力极强，既能生长在肥沃的土壤中，也能在干旱的环境中生存。

这种看似平凡的草本植物，实则具有神奇的疗效。在中医的理论中，柳叶刺蓼性温、味辛、无毒，具有祛风除湿、活血化瘀、清热解毒等多种功效。常用于治疗风湿性关节痛、跌打损伤、胃炎、肠炎等疾病。

柳叶刺蓼在环境保护方面也具有重要作用。它能够吸收土壤中的重金属，有效改善土壤质量，同时还能净化水质。在浙江绍兴，柳叶刺蓼是制作绍兴黄酒最重要的配方之一，不仅是因为其价格低廉易于获得，更因为它有一种特殊的辛辣味。

两栖蓼：水陆两栖的变形金刚

听名字就知道是个狠角色！同一株植物，水里陆上两副面孔：水里长出的叶子像浮萍一样圆润可爱，上岸立马变身犀利柳叶形。这种“一键切换皮肤”的技能，堪称植物界的“生存策略天花板”。

西伯利亚蓼：内秀的北方“糙汉”

西伯利亚蓼，人们又称它剪刀股、驴耳朵、牛鼻子，个子不高，具有细长的根状茎。茎呈外倾或近直立状，通常从基部分枝。叶互生，有短柄，叶片稍肥厚近肉质，披针形或长椭圆形。花序为圆锥状，顶生，花黄绿色。瘦果为卵形，3 棱，为黑色且有光泽，包裹在残存的花被内或凸出外部。

从名字看，就知道它的分布与西伯利亚有关，现在国外分布于蒙古、俄罗斯（西伯利亚、远东）、哈萨克斯坦和喜马拉雅山地区，在中国主要分布在黑龙江、辽宁、吉林、河北、山东等地，海拔 30 ~ 5100 米的路边、湖边、河滩、山谷湿地和沙质盐碱地经常能见到它们。

西伯利亚蓼有食用价值，但更重要的是它的生态价值，作为高山湿地的常见植物，对于改善盐碱地土质具有重要意义。它的根部自带“盐水淡化系统”，能把土壤里过量的盐分锁在特定细胞，就像装了生理盐水过滤器。此外，它还具有药用价值，整株植物或根茎可以入药，具有疏风清热、利水消肿之功效，主要用于治疗目赤肿痛、皮肤湿痒、便秘、水肿和腹水等症状。

当西伯利亚蓼进入青藏高原后，其形态发生变异，例如植株变得矮小、叶片变窄、花序变小等，这明显是该物种适应高原自然环境的结果。

酸模叶蓼：自带防伪标识的戏精

这位可是植物界的“心机 boy”。它的叶子中央有个紫色月牙斑，仿佛盖了个“官方认证章”。这可不是为了好看，而是光合作用 VIP 通道——深色部分聚集更多叶绿体，方便高效吸收阳光。

不过它也有“黑历史”：田边疯狂长个儿，结出上万颗种子，农民见了直摇头，骂它是“杂草界的生育冠军”。但换个角度看，它的嫩叶能喂猪，种子能喂鸡，腐烂后还是天然驱虫绿肥，妥妥的“农业工具人”。

种子合集

卷茎蓼
Fallopia convolvulus

水蓼

Persicaria hydropiper

丁香蓼
Ludwigia prostrata

戟叶蓼

Persicaria thunbergii

柳叶刺蓼
Persicaria bungeana

两栖蓼

Persicaria amphibia

西伯利亚蓼

Knorringia sibirica

酸模叶蓼

Persicaria lapathifolia

Plantago asiatica

百草之母

15

车前

车前科车前属　多年生草本
高 10 ~ 20cm　花期 4 ~ 8 月
改良植物 / 草地沟边 河岸湿地 田边路旁

车前草，被称为“百草之母”，几乎所有的古老药方中，都有车前草的身影。《神农本草经》中，车前草被列为上品。《诗经》中称之为芣苢（fúyǐ）。“采采芣苢，薄言采之。采采芣苢，薄言有之。采采芣苢，薄言掇之。采采芣苢，薄言捋之。采采芣苢，薄言袺之。采采芣苢，薄言襭之。”描述的正是人们采摘车前的劳动场景。

车前草又称车轮菜。相传，汉代明将马武率兵出征，被困在一个荒无人烟的地方。时值盛夏，天气炎热无雨，不少战士和战马因缺粮少水，得了血尿症，一筹莫展之际，发现几匹战马吃了地上的野草，血尿症不治而愈，因这草长在大车之前，便将其命名为车前草。

车前草为车前科车前属多年生草本，它们家族一共 190 余种，我国约 20 种。分布最广的主要有车前、平车前和大车前三种。车前叶簇生地上，卵形或椭圆形，通常有 5 ~ 7 条弧形脉；花梗从叶丛中抽出，花极小，白色，成细长花穗。果实成熟时环状裂开。种子细小，黑褐色。

车前草全草和种子入药，夏秋采全草，鲜用或晒干。秋采种子，晒干入药。性味甘、寒，有清热解毒、利尿通淋、渗湿止泻、清肝明目、祛痰止咳等功效。《药性赋》中记载，车前子止泻利小便兮，尤能明目。

Plantago depressa

16

车前的『双胞胎』，仔细看不一样

平车前

车前科车前属　一年生或二年生草本
高 5 ~ 20cm　花期 5 ~ 7 月
改良植物 / 药用 / 草地沟边 河岸湿地 田边路旁

平车前和车前这对“双胞胎”常常让人傻傻分不清。它们同属车前科车前属，外形相似，药用价值相近，但仔细观察，还是能找到一些区别特征。

一是高矮有别：平车前相对“矮胖”，贴地生长，显得比较“低调”。而车前草则较为“高挑”，能长到 20 厘米，花序明显高出叶丛，显得更加“张扬”。

二是叶片宽窄有异：平车前的叶片较窄，呈狭椭圆形或披针形。车前草的叶片则较宽大，呈宽卵形或椭圆形，整体显得更加“丰满”。

三是花序疏密不一：平车前花序较短，花较密集，花冠裂片先端较尖。车前草的花序较长，花相对稀疏，花冠裂片先端较钝。

四是分布区域不同：平车前更耐寒耐旱，在北方地区更为常见。车前草则喜欢温暖湿润的环境，在南方地区分布更广。不过二者常常混生在一起。

Plantago lanceolata

17

我比车前身材好

长叶车前

车前科车前属　多年生草本
高 10 ~ 40cm　花期 5 ~ 6 月
改良植物 / 药用 可食 / 海滩河滩 草原湿地 山坡路旁

与车前草相比，长叶车前只是在叶片形状和花序方面不同。长叶车前英文名 ribwort plantain，ribwort 由 rib（肋骨）和 wort（草本植物）组成，形象地描述了长叶车前叶子的形态，即叶子呈线状披针形，类似肋骨的形状。再来看看它的学名，其种加词 lanceolata 意思是“披针形的”，也很形象。

无论是中文名，还是英文名，在不同的地区，同一种植物的叫法都不一样，这些名称都与当地的语言、文化或习俗有关，让我们从不同的角度去认识它们。

Nymphoides peltata

18

荇菜

睡菜科荇菜属　多年生水生草本
高 10 ~ 15cm　花期 4 ~ 10 月
改良植物 / 可食 药用 观赏 / 水湿地

“参差荇菜，左右流之。窈窕淑女，寤寐求之。”《诗经·关雎》中的这句话伴随着古人美好的情感和浪漫的追求流传了数千年。那么，在这首诗中频繁出现的荇菜到底是一种什么样的植物呢？

荇菜是一种常见的水生植物，一般生长在池塘或河溪之中。它拥有不止一个名字，还叫莕菜、水荷叶等。由于荇菜的花朵是黄色的，因此也被人们形象地称为“金莲”。荇菜一般不会孤零零地存在，通常群生，呈单优群落。

要想从外表来分辨荇菜并不算困难，它的叶、花、果实、种子都很有特点。荇菜的叶片小巧别致，呈卵形，基部则深裂成心形。花朵是鲜黄色，挺出水面花多且花期长，花大而明显，是荇菜属中花形最大的种类。荇菜的果实扁平，种子、果实和同属的其他种类果实很不一样，是扁平状且边缘有刚毛，其他荇菜属种子是透镜状的椭圆体。

荇菜的用途很广，从古至今，都是一道不可多得的好菜，营养价值丰富，味道也鲜美独特。此外，荇菜还是点缀水面的优良水生植物。它还可以入药，具有发汗透疹、利尿通淋、清热解毒的功效。

荇菜在人工湿地中有着广泛的应用前景，因为它可以吸收底泥中的氮和磷，并对藻类的生长有较好的抑制作用。荇菜还有一个称号，叫作除镉能手，荇菜可以通过根系的吸收和分泌物的吸附作用固定水中的镉，对含镉的污水有较高的净化能力，最高可清除污水中99.5%的镉。

Chlorophyta

19

古老的双面精灵

绿藻门　多年生水生草本
高 10 ~ 15cm　花期 4 ~ 10 月
改良植物 / 可食 药用 观赏 / 水湿地

绿藻

绿藻与人们生活形影不离，你家鱼罐壁上黏黏的一层就是它。绿藻因其体内含有叶绿素而得名，它的家庭庞大，绿藻门成员大约有 6700 种，绿藻具有光合色素，色素分布在质体中，质体形状随种类不同而有所变化。细胞壁由两层纤维素和果胶质组成。

科学家们发现，世界上最古老的绿藻已经有 10 亿年的历史，绿藻的体型多种多样，有单细胞、群体、丝状体或叶状体，淡水中分布最多，海水中和陆地上的阴湿处也有分布，常附着于沉水的岩石和木头上，或漂浮在死水表。

绿藻可以观赏，比如日本绿球藻，很多人把它摆在居室内，希望绿球藻能让幸运降临在自己身边，萌萌的小球非常可爱，养护也很简单。绿藻可以药用，排除毒素、延缓衰老和降低三高等作用。

绿藻可以食用，如石莼、礁膜、浒苔等历来是沿海人民广为采捞的食用海藻。绿藻含有丰富的蛋白质、维生素、不饱和酸，还有很多人体必需的微量元素，不仅容易吸收、营养全面，还有安全无毒的特点。

但过量的绿藻也会引起很多困扰，如绿藻大量繁殖会使水体中的氧气减少，危及水体生物的生存，造成鱼贝类大量缺氧死亡，引起水体富营养化。从 2008 年开始，大量浒苔从黄海中部海域漂移或至青岛附近海域，青岛附近海域及沿岸遭遇了突如其来历史罕见的浒苔自然灾害。

04

指示植物

大自然的生态信号灯

山川并非无言

植物不作声，但从未停止对我们言说，它们用自己的生长状态、花色变化、叶片形态等这些无声的语言，揭示自然环境的秘密。其中有一类植物对环境条件变化特别敏感，能够通过自身的生长反应来指示特定环境特征（比如土壤酸碱度、湿度、光照、污染程度等），它们就像是大自然的天气预报员和地质勘探家，为生态环境的研究和保护提供了宝贵的线索。指示植物家族庞大，涵盖了从草本植物到乔木的广泛范围。以下是一些主要的指示植物类型。

土壤特性指示植物

这些植物拥有一种神奇的"味觉"，能够品尝出土壤的"味道"——是酸是碱，一品便知。这种感知能力，就像是它们体内安装了一套精密的酸碱度计，一旦土壤酸碱度发生变化，它们就会以最直接的方式——生长状态、叶片颜色、花朵形态等，向我们发出警告。

酸性土指示植物：如芒萁（狼萁、芒萁骨、铁狼萁），一种蕨类植物，生于山坡林下，有保持水土的作用，是酸性土壤的显著指示者。

石灰性土壤指示植物：如柏木，是一种高大的乔木，喜温暖湿润的气候条件，在钙质紫色土和石灰土上能正常生长，是石灰性土壤的指示者。

强盐渍化土壤指示植物：多种碱蓬都具有这项本领，其为一年生草本，能在盐碱地上生长，形成纯群落，是盐渍化土壤的指示者。

富氮土壤指示植物：葎草，多年生或一年生蔓性草本，喜半阴，耐寒，抗旱，通常生长在含氮量较高的土壤上。

环境污染指示植物

环境污染指示植物是指那些对环境污染物敏感，能够反映出环境质量状况的植物。这些植物在受到污染时，会表现出特定的生理反应和症状，从而成为监测环境污染的“天然指示器”。

二氧化硫污染指示植物：紫花苜蓿、菠菜、胡萝卜、荞麦、金荞麦、芝麻、向日葵、马尾松、白杨等植物对二氧化硫敏感。当二氧化硫浓度升高时，这些植物的叶脉间会出现有色的斑点或漂白斑，严重时会导致叶片坏死。

氟化物污染指示植物：唐菖蒲、大叶黄杨、郁金香、金荞麦、小苍兰、杏、葡萄等植物对氟化物敏感。氟化物污染常使叶片的顶端和边缘出现伤斑，受害组织与正常组织之间有明显的界线。

臭氧污染指示植物：烟草、矮牵牛、花生、马铃薯、马唐、洋葱、萝卜、丁香、牡丹等植物对臭氧敏感。臭氧污染引起的典型症状是叶表面近小叶脉处产生点状或块状伤斑。

其他污染物指示植物：例如，番茄、秋海棠、菠菜等对二氧化氮（NO_2）污染敏感；白菜、菠菜、韭菜、葱、番茄等对氯（Cl）污染敏感；紫藤、小叶女贞、悬铃木等对氨（NH_3）污染敏感。这些植物在受到相应污染物污染时，也会表现出特定的受害症状。

潜水埋藏深度及水质矿化度指示植物

指那些能够反映潜水（即地表以下第一个稳定隔水层以上的重力水）埋藏深度的植物。这类植物通常具有特殊的生理机制和生长习性，使其能够适应不同潜水埋藏深度的环境。

淡潜水指示植物：柳，乔木或灌木，其生长情况可以反映淡水潜藏的深度和水质状况。

微咸潜水指示植物：骆驼刺，半灌木，能在干旱的沙漠中生存，其生长状态反映了微咸潜水土壤的特性。

矿物资源指示植物

矿脉指示植物，也称为矿物指示植物或探矿植物，是指那些生长情况能够指示土壤中某种矿产资源存在的植物。这类植物的生长与特定矿产资源的分布有密切关系，它们的存在往往能够给找矿工作者提供重要的线索。以下是一些常见的矿脉指示植物及其对应的矿产。

问荆：与金矿有密切关系，能从土壤中吸收黄金。问荆草生长得越茂盛，有可能代表着土壤中的金属含量越高。

海州香薷：也被称为铜花草或牙刷草，是指示铜矿的重要植物。其根部能够从土壤里吸收铜，因此，在海州香薷生长茂盛的地方，很可能存在铜矿。

铁桦树：因其木质坚硬，甚至铁钉都难以钉入，而被誉为“木王”。铁桦树能够吸收大量硅元素，所以在铁桦树生长茂盛的地方，有可能找到硅矿或铁矿。

青蒿：在富含硼的土壤中生长时，青蒿的植株会变得又矮又小。因此，在发现这种生长异常的青蒿时，下面有可能存在硼矿。

忍冬：又名金银花，是重要的中药材。忍冬大量生长的地方，有可能有丰富的银作为伴生矿藏。

紫花苜蓿：其根部能够分泌一种物质来溶解土壤中的钽元素，并吸收这些元素输送到植物体的各部分。因此，在紫苜蓿密集生长的地方，有可能找到钽矿。

石竹：黄金的直接指示植物，与金矿在空间上存在伴生关系。

紫云英：硒矿的重要指示植物，能够将土壤中的硒大量吸收并存储于体内。

需要注意的是，“指示”功能是在野生状态下，而且并非所有生长在某些矿产上方的植物都是严格的指示植物。有些植物可能只是因为在该环境下生长得特别好，而不一定与矿产有直接关联。因此，在利用植物进行探矿时，需要结合地质、土壤、气候等多种因素进行综合分析。同时，通过植物找矿很大程度上依赖于生物冶金学，需要大面积地观察、采集样本，并经过精密的测量和数据分析，才能得出科学的结论。

大丁草花

Mazus pumilus

我就住在泉水旁

01

通泉草科通泉草属　一年生草本
高 3 ~ 30cm　花期 4 ~ 10 月
指示植物 / 药用 / 林下 水湿地

通泉草

当你去到山坡林地中时，如果在潮湿的地方或石隙之间见到一种贴伏生于地面，开着淡紫色花的野草，不妨去周边找找，看看是否能找到泉水或水源。因为这种草叫通泉草，只要看见它，附近很可能有水。这也是通泉草这个名字的由来。据说，古时的人们常常根据通泉草，来寻找泉水，只要在它周围开挖，就可以找到泉眼。据《庚辛玉册》记载："通泉草摘下经年不槁，根入地至泉，故名通泉。" 农村传统挖井时，常通过观察通泉草的生长密度判断潜在水源位置，其存在被视为浅层地下水或泉眼的标志。

通泉草的花精致小巧，花朵扁平，有些像鸭嘴，细看其有着紫色的唇形花冠，是通泉草科通泉草属的一年生草本植物。别看它的花不起眼，但成片开放时，在林间杂草中就很是亮眼了，仿若一块花毯铺在那里。它的花期很长，可以从 4 月陆续开到 9、10 月。

看似平凡的通泉草可是个宝，它有个别名脓泡药，顾名思义可治脓疱疮。《重庆草药》《贵州草药》等书中记载，通泉草以全草入药，具有解毒、健胃、止痛之功效。主治偏头痛，消化不良；外可用于疔疮、脓疱疮、烫伤等。民间很多地方药志也有类似的记载。

Leibnitzia anandria

我的脚下有黄金

02

菊科大丁草属　多年生草本
高 10 ~ 25cm　花期春秋二季
指示植物 / 药用 / 广布

大丁草

大丁草是菊科大丁草属多年生草本植物，它的生长特性非常与众不同，植株有春秋两型区别，而且春秋两季均开花。春天的根状茎比较短小，植株也很短，叶基生，为莲座状，等到秋天就会大变样，植株较高，叶片大，花葶长可达 30 厘米，瘦果呈纺锤形。

据《中华本草》所记载，大丁草全草可入药，其味苦、性温、无毒，具有清热利湿、祛风除湿、解毒消肿的功效，可用于肺热咳嗽、湿热泻痢、热淋、风湿关节痛、风湿麻木、痈疖肿毒、臁疮、蛇咬伤、烧烫伤、外伤出血等多种病症。据传，一个猎人在山里遇到一只受伤的豹子，正自行用大丁草来涂抹伤口，所以大丁草有别称“豹子药”。大丁草又被称为烧金草，《本草纲目》首次记载“烧金草”之名，可能与其治疗“热毒疮疡”的疗效相关（疮疡溃烂常伴红肿灼热感，类似“火烧金属”的意象）。

大丁草在中国广泛分布，全国各地均有，多生长于海拔山顶、山谷丛林、荒坡、沟边或风化岩石上。在火烧山后，经常会看到它们。

Equisetum arvense

03

别嫌弃我，
我能
帮你找黄金

木贼科木贼属　中小型蕨类
高 15 ~ 60cm
指示植物 / 药用 观赏 / 广布

问荆

问荆谐音“问金”，古人发现问荆常分布于金矿附近，因此赋予它这个名字。它偏好生长于含金属元素（如金、银、铜、铁等）的土壤中，其茂盛程度与土壤中金属含量一定程度呈正相关。例如，金矿形成过程中常伴随砷、硫等元素富集，而问荆对这类元素具有较强耐受力，可间接反映地下金属矿藏的存在。问荆高度能够长到 15 ~ 60 厘米，颜色偏黄棕色；其根可深入地下达数米，生存能力极强；叶片退化，只剩下光秃秃的茎秆，中间还是空心的，像竹子的节一样，它们的节还可以拔下来把玩，然后还可以一节一节地接回去，节间还规则地分出了一轮轮的小枝。

问荆一般喜欢生长在海拔 3700 米以下的沙土地、山坡、草甸等地方，干旱的地方也能够生长，生命力非常顽强。在我国广泛分布，各地会根据其外形、特点取一些别名，如笔管草、节骨草、节节草、缺德草等。

至于“缺德草”这一名字的由来，是因为它对农作物的危害很大，一旦农田被它入侵，十分不容易清除。

自古以来问荆都是一种中药材，而且在国外也常用它入药，主要有止血的作用，同时对溃疡、骨质疏松、肺结核与肾脏疾病也有作用。比如问荆中的硅元素含量极高，而它又是骨骼和软骨形成所必需的成分，因而对防止骨质疏松症也管用。此外，问荆可以提取除草剂成分，观赏价值也不低。

Dianthus chinensis

高颜值金矿「小侦探」

04

石竹科石竹属　多年生草本
株高 30 ~ 50cm　花期 5 ~ 6 月
指示植物 / 药用 观赏 / 山坡林下

石竹

石竹，因为喜欢生长在岩石坡地，而且茎秆像竹子一样一节一节的，所以先辈给这位实际上清秀雅致的小草本起了这个质朴的名字。

石竹节部膨大茎、线状披针叶、花色鲜艳、蒴果开裂、种子可随风传播等形态特征，让其适应干燥、光照充足、排水良好的生境。普通石竹耐寒（-20℃）但忌高温，霹雳石竹耐热性突出（可耐 30℃以上高温），西洋石竹则兼具耐寒（-18℃）与耐热特性，不同品种的株型与抗逆性差异进一步扩展了其生态适应性。

石竹不仅是《本草纲目》里记载的药材，更是文人墨客笔下的常客。古人认为，石竹能清热解毒、利尿消肿、活血通经、生津止渴、润肺止咳，是自然界的恩赐，帮助人们缓解病痛，守护健康。

石竹还有个秘密身份——金矿的“小侦探”。在地质学家的眼中，石竹可是寻找金矿的得力助手。原来，石竹喜欢生长在富含黄金的土壤中，而且黄金含量越高，它就越长得茂盛。会不会石竹体内藏着某种神秘的力量，能与黄金产生奇妙的共鸣呢？等着好奇的你去验证。

现在石竹作为园林植物，已被全世界广泛栽培，尤其是因为耐寒，在北方也能露地越冬，受到北方花园主的喜爱。石竹还是制作干花、精油的好材料。

05

入侵植物

小心这些跨越界限的“生态殖民者”

生态失衡的红色警报

在地球生态修复的舞台上，先锋植物被誉为“绿色医生”，而另一类植物却化身“生态刺客”——它们跨越山海入侵异域，以惊人的繁殖力摧毁原有地域生态平衡。入侵植物与先锋植物虽都具备强大生存能力，却在生态影响上走向截然不同的方向。

入侵植物是指通过自然或人为途径传播至非原产地，并造成生态、经济危害的外来物种。这类植物往往具备三大致命武器：

1. 繁殖爆炸：加拿大一枝黄花单株年产 2 万粒带翼种子，随风扩散半径达 5 千米。
2. 化感压制：紫茎泽兰根系分泌的泽兰素可抑制周边植物种子萌发，形成“绿色荒漠”。
3. 生态替代：互花米草入侵滩涂后，6 年内可使底栖生物种类减少 70%，候鸟栖息地消失。
4. 天敌未能同步引入。

典型案例中，滇池因凤眼莲（水葫芦）泛滥，水体溶解氧一度降至 0.5mg/L，导致鱼类大规模死亡。这类生物污染造成的经济损失，往往是防控成本的 10 ~ 100 倍。入侵植物与先锋植物是基因相似的“双生子”，却是生态相悖的“对立面”。两类植物虽都具备强大生存能力，却在七个维度呈现根本差异（如下表）。

对比维度	先锋植物	入侵植物
来源地	本土或生态型匹配的外来种	非本地且缺乏天敌的外来种
生态功能	促进物质循环与群落演替	破坏食物链与生态位平衡
繁殖策略	种子休眠期长，扩散可控	无性繁殖为主，种子超量生产
化感作用	促进邻近植物生长	释放毒素抑制其他物种
根系特征	深根系，改良土壤结构	浅根系，加剧水土流失
生物量分配	侧重地下部分持续发展	优先地上部分快速扩张
可控性	随演替进程自然消退	需持续人力物力干预清除

两类植物的较量折射出深刻生态规律：

1. 生态位预占理论：先锋植物通过填补空缺生态位启动修复，而入侵植物则挤占原有生态位。

2. 多样性阻抗假说：健康生态系统的物种丰富度每增加 10%，入侵成功率下降 37%。

3. 人为干扰阈值：北京奥林匹克森林公园的实践证实：通过配置荆条、胡枝子等本土先锋物种构建生态屏障，使加拿大一枝黄花入侵面积大幅减少。

生态修复不是简单的“种绿”，而是精准的生态关系重建。只有深入理解植物特性，严格筛选先锋物种，才能避免“治沙变植灾”的悲剧。当我们赞叹沙漠中柽柳的顽强时，也需警惕若将它引入湿地可能引发的生态灾难——自然界的生存智慧，永远在动态平衡中书写答案。

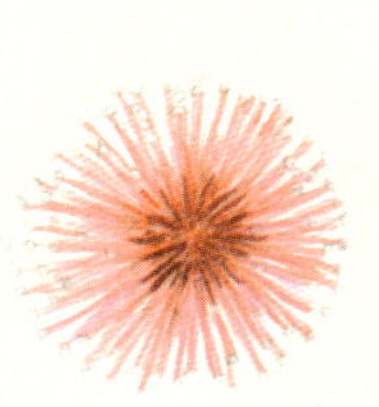

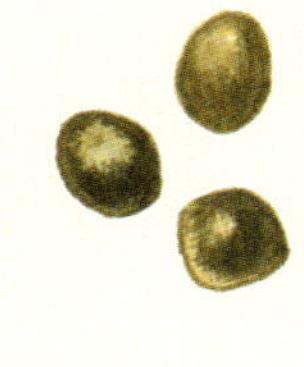

含羞草花、果

Pontederia crassipes

01

不仅仅只有『凤凰之眼』

雨久花科梭鱼草属　浮水草本
高 30 ~ 60cm　花期 7 ~ 8 月
入侵植物 / 药用 观赏 饲草 / 水湿地

凤眼莲

说起它的另一个名字“水葫芦”，你一定会说：“原来是它呀！”是的，其实你若仔细看看它的花，就能明白它为什么叫凤眼莲了。7 ~ 8 月开花，花朵呈浅紫色或粉紫色，每朵花有 6 枚花瓣，最上面那枚花瓣上有蓝色和黄色斑纹，像一只蓝色“眼睛”，很有魅惑感，这也正是“凤眼”之名的出处，也被称为凤眼蓝。

但是千万不要被其外表所迷惑，这种广泛分布于我国长江、黄河流域及华南各地的水生植物，给点阳光就灿烂，一旦生长就疯狂，一长一大片，被列为《重点管理外来入侵物种名录》。浮水叶片形成“绿毯”，完全覆盖水面，阻断阳光透射及氧气交换，导致沉水植物、鱼类因缺氧死亡，破坏水生食物链。所以如今它并不被待见。

然而，事物都有两面性，它的优点也很突出：全草可入药，具有清热解毒、除湿、祛风的功效；它还是净化污染物的能手，可利用它监测水中是否有砷，还可净化水中汞、镉、铅等有害物质；经过发酵的凤眼莲可产生大量甲烷气体，可作为燃料、化工原料进行利用。凤眼莲还是高产优质的畜禽饲料，可制成干饲料，喂鸡、猪等禽畜。看来，只要防备其疯长，规划好它的用处，就能让它发挥出最大价值！

Oxalis corymbosa

酢浆草家族的粉红代言

02

红花酢浆草

酢浆草科酢浆草属　多年生草本
高 10 ~ 20cm　花期 3 ~ 12 月
入侵植物 / 药用 观赏 / 林下

酢浆草的“酢”字与醋通，《本草纲目》也说它“其味如醋”，正因为其茎叶汁液有酸味而得名。它在民间还有酸酸草、斑鸠酸、酸咪咪、酸角草等别称。红花酢浆草的花与叶对光敏感，在晚间会闭合，在阴雨天也会闭合，所以又名“夜合梅”。

红花酢浆草喜阳光充足、温暖湿润的环境，不耐寒，不挑土壤，因花期长，花量大，花色鲜艳，同时植株低矮、整齐，具有不需修剪、管理粗放等优点，常被用于布置花坛、花境，或成片栽植作地被植物，还可用作盆栽。

红色酢浆草全草都可入药，是中医上常用的中草药，具有清热利湿、凉血散瘀、解毒消肿等功效，对于常见的跌打损伤、咽喉肿痛、痈肿疔疮、丹毒、湿疹、蛇虫咬伤等都有非常显著的治疗作用。

红花酢浆草老家在南美洲热带地区，作为观赏植物引入中国，目前在南方各地已逸为野生，并对环境与生态安全构成了一定程度的危害，被《中国入侵植物名录》列为 4 级入侵植物（一般入侵类）。

Mimosa pudica

外表害羞的『狠角色』

03

含羞草

豆科含羞草属　多年生草本或亚灌木
高 30 ~ 100cm　花期 3 ~ 10 月
入侵植物 / 药用 观赏 / 林下

轻轻触动它的叶子，便立刻合了起来，仿佛是一位害羞的少女，因羞怯而低下了头，所以得名含羞草。“害羞”是它的一种智慧，是对外界刺激的一种快速反应，从而躲避外界对它的伤害。害羞的机制是每个小叶子的底端和叶柄处都长有一个比较膨大的部分，叫作叶枕。平常叶枕内的水分支撑着叶片，当受到刺激时，叶枕内的水分会立即流向别处，使小叶闭合。

含羞草的叶子由四根羽轴组成，每根羽轴上又生出小叶，长圆形或线形。除了叶，花也很有特色，呈粉红色或紫色，花序球形，颇具观赏性。

但是你很难想象，如此“害羞”的植物，却是一种侵占性很强的入侵植物，它的繁殖能力很强，攀爬或缠绕在周围植物上，抢光照、水分和养分，导致其他植物无法生存，影响生态环境。此外，其体内的含羞草碱有毒性，接触过多可能会引起毛发脱落等不良反应。

但含羞草可供药用，有安神镇静的功能，鲜叶捣烂外敷治带状疱疹。因有微毒性，适量服用有安神镇静、解毒化瘀、止血利尿等功效。

Geranium carolinianum

美洲「来客」野老鹳草

04

牻牛儿苗科老鹳草属　一年生草本
高 20 ~ 60cm　花期 4 ~ 7 月
入侵植物 / 药用 观赏 饲草 / 林下

野老鹳草

野老鹳草的种加词 carolinianum，暗示它老家在北美洲。不过，它早在 20 世纪 40 年代就搭上人类的“顺风车”，以“偷渡”的方式落户中国，它耐寒、耐湿、喜阳，路边、沟边、荒地都是它的“快乐老家”，是妥妥的“归化公民”，并被《中国入侵植物名录》列为 2 级入侵植物（严重入侵类）。不过到目前为止，它并没造成什么太大的危害。

野老鹳草和本土居民老鹳草一样，也是属于牻牛儿苗科老鹳草属。老鹳草因蒴果先端有长喙似鹳嘴而得名。二者最明显的区别体现在形态上。老鹳草叶片通常呈圆形或肾形，深裂为 3 或 5 个裂片，裂片较宽阔，边缘具有缺刻；野老鹳草叶片呈掌状深裂，通常裂为 5 ~ 7 个裂片，裂片条形，且每裂片又深裂为 3 ~ 5 个次级裂片。老鹳草茎秆较粗，分枝较多，花柱长度适中，通常不会形成特别长的喙状结构；而野老鹳草茎秆相对较细，分枝较少，花柱较长，形成明显的喙状结构。

野老鹳草被记载有祛风除湿、舒筋活络的功效，现代研究还发现它具有抗病毒（如 HBV）的作用。在江苏、浙江一带，野老鹳草是药材市场的“常客”，但北方人更爱用同科的牻牛儿苗或鼠掌老鹳草，导致南北药材江湖“派系分明”。

此外，野老鹳草是猪、牛等牲畜的良好饲料，还可以作为观花地被植物，以及用来防浪护堤和固沙保土。

Amaranthus spinosus

带刺是为了生存

05

刺苋

苋科苋属　一年生草本
株高 30 ~ 100cm　花期 7 ~ 11 月
入侵植物 / 可食 药用 饲草 / 林下

在春季，刺苋刚长出的幼苗和苋菜其实挺像的，它们是同一科属的兄弟。不过刺苋更加高大，一般可长到 1 米高，并且刺苋还有个十分显著的特点，那就是茎上长着许多十分明显的尖刺。根部红红的，有点像萝卜，所以也叫野萝卜或土人参，还被称为勒苋菜、竻苋菜等。

刺苋原产于美洲，传入我国的时间大概是 19 世纪 30 年代，随后就开枝散叶，传遍大江南北了。它完美地继承了外来入侵物种野蛮生长的特性，具有生长速度快、繁殖能力强、难以根除的特点。被列入《重点管理外来入侵物种名录》。

在危害方面，刺苋常大量蘖生于旱作物田、蔬菜田、果园里，如我国北方地区的苹果、梨、桃、山楂、板栗等果园，就是刺苋主要危害的对象，它生命力强，对土壤肥力消耗巨大。成熟的植株不仅是病虫的传播媒介和寄主，还因有刺而清除比较困难，并伤害人畜。

但刺苋的幼苗以及嫩茎叶可作野菜食用，其营养价值一点都不输苋菜。刺苋的根一般被叫作“刺苋头”，也同样有着食用价值。

刺苋全草多于民间药用，有清热解毒、利尿、止痛、明目等功效。刺苋在开花之前，是不会长刺的（或者长有少量的刺），这个时候的叶片柔嫩多汁，是喂猪的优质青饲料。同时它对猪牛腹泻、猪牛痢疾拉血、仔猪白痢、猪牛尿血等症还有一定的治疗作用。

Paspalum conjugatum

别认错，我的小穗分两叉

06

禾本科雀稗属　多年生草本
高 30 ~ 60cm　花期 5 ~ 9 月
入侵植物 / 改良 饲草 / 广布

两耳草

今天登场的主角两耳草，可不是《哈利·波特》复方汤剂里的魔法草药，而是一种禾本科杂草，和它的同科兄弟们难以辨别。在稍微荒芜一点儿的湿润开阔地就能看见它们的身影，有的时候甚至会自顾自长成一片草坪。

两耳草具有长长的匍匐茎，上面会长出一束束的小枝（我们平时看到的一棵草，其实只是两耳草的一个小枝而已）。叶子细长，质地较薄。

每年春末至初秋，小枝顶端会抽穗开花，花序分为两叉（这也是两耳草名字的来源）。仔细观察花序的话，会发现花朵初开时，绿白色的雌蕊和嫩黄色的雄蕊都会悬挂在小穗之外，呈可爱的流苏状（当然这是禾本科的典型特征了）。等到开花以后，两耳草的鉴定就一目了然了，两耳草是同属兄弟中唯一小穗分两叉的植物，其他的都具有三叉或者更多。

两耳草也是一种入侵物种。它的老家是热带美洲，当然现在已经广布全球。

但它是一种优良饲草，叶、茎柔嫩多汁，无毒无异味，无论青草、干草，马、牛和羊均喜食。它还可作固土和草坪地被植物利用。

Ageratina adenophora

「恶草」还是「宝藏」

07

紫茎泽兰

菊科紫茎泽兰属　多年生草本
高 30 ~ 90cm　花期 4 ~ 10 月
入侵植物 / 药用 织染 / 南方广布

看它的名字是不是联想到泽兰了？你可别被整懵了，它俩可不是一家的，连亲戚都不是，泽兰是唇形科地笋属的，而紫茎泽兰是菊科泽兰属的。

以下是它的“身份证”信息：茎秆紫色，覆盖白色或锈色短柔毛，摸起来有点粗糙；叶对生，形状多样，边缘有锯齿；花朵白色或淡紫色，像小伞一样簇生在枝头，花期 4 ~ 10 月；黑色瘦果，带有白色冠毛，随风飘散。

紫茎泽兰还有个别名——破坏草，因为它具有超强的入侵能力和对生态系统的破坏性。20 世纪 40 年代，紫茎泽兰通过中缅边境“偷渡”到中国云南，随后以每年 10 ~ 60 千米的速度疯狂扩散，一旦入侵农田，三年内就能让土地荒废，如今已遍布中国南方多个省份，严重威胁到自然生态系统，被列入《重点管理外来入侵物种名录》。

但自然界没有绝对的“好”与“坏”，是恶草还是宝贝，取决于我们的智慧。科学家们发现，它有几大“隐藏技能”：可以用来制造沼气、生物质燃料，甚至加工成碳棒；经过微生物处理，它可以转化为安全的家禽和猪饲料；它的提取物可以制成黄色染料，用于传统扎染工艺；全草可入药，具有疏风解表、活血化瘀、解毒消肿等功效；用它培育的平菇、金针菇等食用菌，味道鲜美。

Euphorbia hirta

低调
不飞扬，
还能止痒

08

飞扬草

大戟科大戟属　一年生草本植物
株高 30 ~ 70cm　花期 4 ~ 11 月
入侵植物 / 药用 / 广布热带亚热带

从其外形来看，没有觉得它如何飞扬啊。原来，它的名字源于其根，据《生草药性备要》中记载：本品根多，枝茂，其形飞扬，故名飞扬草。

飞扬草广泛分布于热带、亚热带地区，浙江、广东、广西、海南、江西、湖南、湖北等地的田间地头常见。这种不起眼的“草”，对于生活在南方比较潮热地区的乡村人来说可是一宝，当身上感觉到瘙痒的时候，用它来煮水清洗患处，很快就能止痒，所以，它还有个名字叫“止痒草”。

其茎中含有白色乳汁状液体，在江西、福建、“两广”地区多称其为“多奶草”或“奶浆草”，又因其花生长在茎节间，也被叫作“节节花”。

飞扬草的干燥全草可入药，据《中国药典》记载，飞扬草味辛、酸、性凉；有小毒。归肺、膀胱、大肠经，具有清热解毒、利湿止痒、通乳的功效。

飞扬草原产热带美洲，为外来入侵植物，被《中国入侵植物名录》列为 3 级入侵物种（局部入侵类），现广泛分布于长江流域以南地区，对农业、生态环境构成显著威胁。飞扬草的入侵性源于高效繁殖力、化感抑制及生态适应性的综合作用，叠加人为传播失控与天敌未能同步引入，导致其在局部地区泛滥成灾。

Phytolacca americana

这个外来
「毒」物
很嚣张

09

商陆科商陆属　多年生草本
株高 1 ~ 2m　花期 6 ~ 8 月
入侵植物 / 药用 / 广布

美洲商陆

美洲商陆可以说是远道而来的客人，它的种加词 americana，即很好地表明了它的美洲血统。属名 Phytolacca 意思是植物和红色染料的组合，或许是因为它紫黑色的浆果可以用来染色的缘故。小时候把它采回家，装进瓶子里，捣烂，一瓶红墨水便造出来啦。

跟中国本土商陆相比，外形上的不同就是美洲商陆的花序明显下垂，因此又叫垂序商陆，而本土商陆的头是昂着的；另外，美洲商陆的茎秆是红色的，而本土的一般是绿色。

而最需要大家了解的最关键的区别是，本土商陆无毒或毒性很轻，在古代，人们会采摘本土商陆的嫩茎叶来当野菜吃，或者挖它的根茎来煲汤喝；可是，美洲商陆是全株有毒的。有很多错把商陆当人参吃了中毒的例子，其实吃的就是美洲商陆的根。误食它后会出现恶心呕吐、腹泻、头晕、抽搐、昏迷等症状，严重者甚至可因心脏和呼吸中枢麻痹而死亡。

虽然美国商陆在中国属于外来户，但它可嚣张得很，目前已经泛滥成灾，被列入《重点管理外来入侵物种名录》，反而中国本土商陆已经很少见了。不过美洲商陆也自有它的价值，虽然有毒，但根部经过炮制之后可以入药，有治疗水肿胀满、二便不利、咳嗽多痰等多种疾病的功效。外用时，还可以消散疮疡肿毒。

Sicyos angulatus

10

刺瓜果「怪兽植物」

刺果瓜

葫芦科刺果瓜属　一年生草质藤本
花期 6 ~ 10 月
入侵植物 / 林下 路旁

刺果瓜属于葫芦科植物，但与一般葫芦不同。它名字中的“刺果”二字似乎已经预示了其危险性。

初见刺果瓜的时候，以为是野生丝瓜或佛手瓜之类的植物，谁知它长出的竟然是一种满布刚毛的卵圆形果实。其花和叶与同属葫芦科的佛手瓜非常相似。

刺果瓜原产于北美洲，开始时作为观赏植物被引入欧洲，后来逃逸到野外成为杂草。目前，它已入侵到欧洲、亚洲和大洋洲的多个国家，在我国主要分布在辽宁、北京、河北、台湾、山东、四川、云南等地。

刺果瓜又被称为野生黄瓜、刺黄瓜、耷拉藤等，它于 2003 年首次出现在我国大连地区，当时并没有引起多大关注，直到 2 年后的 2005 年才有关于其危害性的报道。被列入《重点管理外来入侵物种名录》。

刺果瓜有着匪夷所思的特点。它容易爬到大树的树冠上，让乔木无法进行光合作用，导致其最终死亡。这种行为听起来简直像是植物界的“怪兽”，以一种近乎霸道的方式占据了其他植物的生存空间。此外，刺果瓜还可分泌化感物质抑制其它植物的生长，易形成单优群落，影响当地植物多样性和生态平衡，一旦入侵农田，还可导致玉米、大豆等旱地作物减产。

Hibiscus trionum

11

我不属于『瓜』族，木槿才是我族长

野西瓜苗

锦葵科木槿属　一年生草本
高 20 ~ 70cm　花期 7 ~ 10 月
入侵植物 / 药用 饲用 观赏 / 广布

野西瓜苗和西瓜其实没有任何亲缘关系，只是二者的叶子长得很像而已。野西瓜苗是锦葵科木槿属一年生草本植物，每年 6 ~ 7 月开花，花瓣米白色，花心处是紫色，花蕊黄色，色彩搭配非常美丽。而它的果实也毫不逊色，像个小灯笼，上面还有紫色的纵条纹，很有观赏价值。

野西瓜苗原产非洲中部，在中国广大农村地区很常见，人们给野西瓜苗还起了一些“小名”，如小秋葵、香铃草、野芝麻、灯笼花等。

野西瓜苗虽然不像西瓜能结出美味的果实供人们食用，但人们仍然很喜欢它，很多医学药典里都记录了它的药用价值。其全草可入药，具有清热解毒、祛风除湿、止咳、利尿等功效。有研究还发现，野西瓜苗含野阿魏酸、蒽醌类、糖类、氨基酸、多肽有机酸类和挥发油等多种成分，是值得深入研究开发的一种植物。

野西瓜苗也符合如马、羊等一些家畜的胃口，可制成青干草，用作饲料用。但野西瓜苗也属于入侵物种，在《中国入侵植物名录》中入侵级别为 4 级（一般入侵类）。

Sonchus oleraceus

苦中有内涵

12

苦苣菜

菊科苦苣菜属　一年生或二年生草本
高 40 ~ 150cm　花期 5 ~ 12 月
入侵植物 / 可食 药用 饲用 / 广布

“苦苣，即野苣也，野生者”。这种叶子又大又嫩，花有点儿像蒲公英的野菜，长在杂草丛中的确是很惹眼。苣荬属的植物，常见的有很多种，而且样子都近似，民间干脆一股脑儿通称为“苦菜”。它们有一个共同的特点，就是截断茎叶之后，会流出腥苦的乳汁。

苦苣菜的花金黄色，头状花序，其花葶顶端是有分枝的，这是它区别于蒲公英的一个很明显的特点。叶子呈羽状深裂，通常没有柄，而基部会扩大并抱住茎。它的果实，是白色的绒球状，跟蒲公英一样，风一吹，种子四散而飞。

苦苣菜原产于欧洲，无意中被引入中国，现在已经分布在全世界各地，有着似乎被施了魔法一样的强大生命力。喜欢潮湿而疏松的土壤，尤其在春耕后的农田中生长得十分旺盛，对伴生杂草和作物生长具有抑制作用。

苦苣菜味道偏苦，但有很高的食用价值。它富含多种氨基酸、蛋白质等，更有钙、锌、镁、锰、铁等多种矿物元素，特别是锌元素含量非常高，是芹菜的 20 倍。小满时节，人们有食用苦苣菜的习俗。

据《神农本草经》记载，它还可以治疗厌食症，养胃、利尿，还可以明目，治疗血淋和痔瘘，并可以作为家畜的饲料。

Malvastrum coromandelianum

山寨版的『向日葵』

13

赛葵

锦葵科赛葵属　亚灌木状草本
高达 1m　花期 7 ~ 10 月
入侵植物 / 药用 织染 / 干热草坡

赛葵原产于南美洲，在中国属于归化植物，分布于台湾、福建、广东、广西、云南等地，可以在干热的草坡、荒地和路旁散生。赛葵最早入侵香港和广东沿海地区，是一种常见的热带杂草，能够排挤本地植物，但对环境的危害较轻。

赛葵叶互生，单叶呈卵形或卵状披针形，边缘具有不规则的锯齿。花朵单生于叶腋，花冠呈黄色，五片花瓣，几乎全年都在开花。果实像算盘子，又有点像小南瓜，里面的肾形种子黑色，小小的。

其特点是作为双生病毒的寄主。双生病毒是一类具有孪生颗粒形态的单链环形病毒，已经在全世界范围内的多种作物上造成了严重的危害。在云南的双生病毒病害区调查发现，带病的赛葵在田间可以全年繁殖和生长。赛葵是这些双生病毒的重要中间寄主和初始侵染源。因此，农田要注意防控。

但赛葵可不是纯有害，它还具有药用价值，这在很多药物典籍中都有相关记载。它的药用部分主要是花和叶，具有解热、镇痛、抗炎作用，可以和十大功劳一起治疗肝炎病，在民间还用赛葵和鸭蛋煲水喝来治痔疮。此外，赛葵还可以用于制作染料和纸浆。

Physalis angulata

饥年救星

14

苦蘵

茄科洋酸浆属　一年生草本
高达 30 ~ 50cm　花期 5 ~ 7 月
入侵植物 / 可食 药用 织染 / 林下

因为学名比较复杂，许多人记不住“蘵”（zhī）字，也不知道发音，所以苦蘵在各个地区有很多有趣的别名，比如黄蒢、响泡子、小苦耽、灯笼草、鬼灯笼、天泡草、爆竹草、劈柏草、响铃草等。

苦蘵自然生长在山谷和树林中，农村的路边也时常能够看到它的身影。苦蘵还在日本、澳大利亚、美洲等地区有生长分布。

苦蘵对环境的适应能力较强，原产于印度和缅甸，被列为一般性入侵植物。纤细、分枝多的茎上生卵形或者椭圆形的叶片，在野外如同杂草一般。其花期在不同的地区略有不同，基本上集中在 5 ~ 7 月。淡黄色的花冠，喉部有紫色花纹点缀，虽不艳丽冠绝，但在杂草中已能凸显娇俏。

苦蘵与其他植物果实最大的区别在于果实成熟后有留存的宿萼，1 ~ 2 厘米的珠状浆果完全被宿萼包裹，像极了一个个小灯笼，与酸浆有些像。当然宿萼的作用不只是使其看起来更加美观，宿萼的包裹，能够一定程度上避免浆果以及种子遭受害虫的侵害，为种群繁衍和扩张提供保障。

苦蘵是一种具有清热、利尿、解毒、消肿功效的中草药材，全草皆可入药，是清热化痰的上佳之选，因此，在我国可以找到的关于苦蘵的文献，也大多是跟它的药效相关的记载。苦蘵可以食用，其嫩茎叶可以炒食或煮汤，成熟的果实可以生食，味道稍酸。

Spermacoce alata

草中鲨鱼

15

阔叶丰花草

茜草科纽扣草属　一年生或二年生草本
高 10 ~ 40cm　花期 5 ~ 7 月
入侵植物 / 饲用 / 荒地

阔叶丰花草远看像薄荷，别名小鸭舌、假蛇舌草、波利亚草等。其茎和枝均呈明显的四棱柱形，叶片为椭圆形或卵状长圆形，花朵以数朵丛生于托叶鞘内，无梗。蒴果为椭圆形。

阔叶丰花草于 1937 年引进广东等地用作军马饲料。在 20 世纪 70 年代，也常用作地被植物进行栽培。它富含粗蛋白和粗纤维，具有饲用价值可作为动物的饲料。添加在鸡饲料中，会使鸡肉色泽更红润、更好吃，并延长肉质的保质期。阔叶丰花草还有清热解毒、截疟的功效。

阔叶丰花草在夏秋季节危害农作物，具有惊人的繁殖能力，其幼苗一旦长出即迅速生长，并很快形成很大的种群，对作物尤其是幼苗造成很大的危害。同时，它还能在其生长的环境中分泌一种有毒物质，抑制其他种类植物的生长，从而达到快速扩张和群集生长的目的，因此，一些植物学者形象地将其称之为“草中鲨鱼”或“绿色植物癌症”。

尽管阔叶丰花草如此可怕，经常欺负身边植物，不过因其身材矮小，再可怕也奈何不了龙眼、荔枝之类的老大哥，有很多荔枝种植老板特地在园中撒播这种草，并通过这种草来抑制其他杂草的生长。

Bidens pilosa

16

黏你没商量

菊科鬼针草属　一年生草本
高 30 ~ 100cm　花期 6 ~ 8 月
入侵植物 / 改良 可食 药用 饲用 / 荒地

鬼针草

“其子作钗脚，着人衣如针。北人谓之鬼针，南人谓之鬼钗”，这是古人对鬼针草的描述。它的果实真像用来叉鱼的叉子呢！

除此之外，山东人叫它“考邪草”，浙江人称其“一包针”“一把针”，更有人叫它们“粘人草”“跟人走”，它确实很“黏人”，可以黏在人类的衣服上、动物的皮毛上，就搭上了便车，不费吹灰之力，就能够到很远的地方去繁殖生长。

鬼针草在夏季会开出小花，花蕊是黄色的，花瓣的颜色是白色、黄色等，随风摆动也是相当清丽动人。羽状复叶对生，叶片为卵状椭圆形，边缘有不规则的锯齿。

根据《本草纲目》的记载，鬼针草具有清热解毒、散瘀消肿等功效，主要用于治疗咽喉肿痛、跌打损伤等病症。鬼针草原产于美洲，通过种子高效传播、快速繁殖、化感抑制及广适性生存策略，成为典型入侵植物。但鬼针草也是一种生态植物，可以用于修复重金属污染的土壤。嫩叶可以作为蔬菜和饲草。

Cucumis melo var. *agrestis*

17

别看瓜儿小，本事可不少

葫芦科黄瓜属　一年生攀缘草本
花期夏季
入侵植物 / 药用 观赏 / 广布

马瓟瓜

未成熟时的马瓟瓜皮颜色和纹路酷似幼年的小西瓜，一般也就核桃大小，成熟了的马瓟瓜瓜皮变得微黄，远远就可以闻到那股瓜熟蒂落的香甜气息。说实在的，马瓟瓜一点儿也不好吃，它的果皮和果肉非常薄，里面包裹的全是种子，极个别是甜的，大部分是苦的、酸的。

马瓟瓜原产于非洲，后扩散进入中国，早期未被有效管控，因生长失控，我国将其列为需防范的入侵植物。马瓟瓜适应性强，普遍为野生，喜生长在红薯、玉米及豆类田间，也生长在林园或荒地中。

马瓟瓜味甘，性凉、苦，无毒，入脾、胃、大肠经，具有解毒、清热、利水、利尿等功效。据《中国中药资源大典》记载，其果实具有预防酒精中毒、减肥强体、抗肿瘤、抗衰老、降血糖等功效。马瓟瓜还是糖尿病者的最佳食品。

马瓟瓜的种子可加工油料，用其种子榨的马瓟瓜油目前在市场上有售，但价格很高。另外，作为藤蔓植物，马瓟瓜还具有一定的观赏性，可用在观赏农园等景观中。

Galinsoga parviflora

18

让人头疼

让人爱

牛膝菊

菊科牛膝菊属　一年生草本
高 10 ~ 80cm　花期 4 ~ 10 月
入侵植物 / 可食 药用 饲草 / 林下

牛膝菊是从南美洲移民来的，如今在四川、云南、贵州、西藏等地都有它的家。虽然是外来户，但很早以前人家就安家了。在《本草纲目》中，牛膝菊就有被记载：因其茎有节，似牛膝而得名。其种加词 parviflora 意为“小花的”，指它那小巧的舌状花。

牛膝菊属于菊科家族，小个子，一般高度在 10 ~ 80 厘米，茎直立，上部有许多分枝，摸起来就像是被细密的短柔毛包裹的小柱子。叶对生，卵形或长椭圆状卵形，叶片两面都像是被稀疏的短柔毛轻轻抚摸过，叶脉清晰可见。在农田里，它可是个让人头疼的“恶性杂草”，被很多国家列为入侵植物，不过因为猪等牲畜爱吃它，在我们国家被大量割来喂猪，所以并没有泛滥成灾。

牛膝菊全草都可以入药，具有清热解毒的功效，可用于治疗黄疸型肝炎、咽喉肿痛、疱疹、疔疮以及外伤出血等病症；嫩茎叶还可以作为野菜食用，口感清新，营养丰富。

Alternanthera philoxeroides

全球通缉的『生态刺客』

19

空心莲子草

苋科莲子草属　多年生草本
高 30 ~ 60cm（茎匍匐生长）　花期 5 ~ 6 月
入侵植物 / 改良 药用 织染 / 水湿地

当你看到河滩、沟渠或农田边那片绿油油的“地毯”，叶子光滑翠绿像豆瓣菜、小白花星星点点，甚至觉得它有点小清新——快醒醒！这可是空心莲子草，是全球通缉的“生态刺客”，江湖外号“水花生”“革命草”。

空心莲子草老家在南美洲的巴拉那河流域，当初作为马饲料把它引进上海，没想到它不仅没有一点客人的矜持和不适，反而霸道地抢占本土植物的领地空间，短短几年就成功登上《重点管理外来入侵物种名录》C 位，对水生或陆生植物的生长都构成了威胁，还堵塞池塘、航道。

它真是把全部心思都用在了扩张上面：地上茎随便切段就能活，地下根茎深藏 2 米，挖都挖不完。茎中空有气囊，掉进水里秒变“浮萍”，顺流而下开疆拓土。旱涝不惧、盐碱不怂，农药喷它？呵呵，三天后又是一条好汉！

虽然被骂“生态毒瘤”，但人类还是硬挖出了它的剩余价值：池塘少量种植能净化水质（前提是别让它逃逸）；民间有偏方说捣碎外敷治毒蛇咬伤；茎叶汁液可制天然染料；还可利用它沤肥或加工为食用菌培养基等。

世上最美喇叭集合啦

20

旋花科
旋花 / 田旋花 / 圆叶牵牛 / 裂叶牵牛 / 打碗花 / 五爪金龙 / 三裂叶薯

旋花家族

旋花类或因未绽时花蕾作旋涡状纹路而得名，据《本草纲目》记载："其花不作瓣状，如军中所吹鼓子，故有旋花、鼓子之名。"旋花类的花朵筒比较深，像喇叭旋，有白色、淡红或紫色等。

旋花、打碗花和牵牛花是夏季非常常见的花卉，有着扯不断理还乱的缘分。它们花朵外形相似，又都是藤本植物，极难分辨，民间甚至统称它们为喇叭花。下面是常见旋花科植物的特征对比。

种	属	叶片形态	花部特征	茎叶特征
旋花	旋花属	叶片线状披针形或剑形，全缘，无毛	花漏斗形，白色或粉红色，带瓣中带；苞片线形且长（1.5 ~ 2.3cm）	全株无毛；根状茎横走，攀缘性弱
田旋花	旋花属	叶片戟形或箭形，基部具两片明显侧裂片（形似箭头），全缘，无毛，叶柄细长	花冠漏斗状，较小（直径 1.5 ~ 2cm），粉红色或白色，喉部深粉色，具 5 条深色纵纹。萼片 5 枚，边缘膜质	茎细弱，匍匐或缠绕，被稀疏短柔毛，常形成密集网状覆盖层
圆叶牵牛 ※	牵牛属	叶片宽卵形或近圆形，不分裂，表面有白色茸毛	花冠喇叭状，直径 4 ~ 5cm，颜色多样（紫红、蓝紫等）；萼片线状披针形	全株密被短刚毛；茎缠绕性强
裂叶牵牛 ※	牵牛属	叶片深三裂，形似枫叶，裂片尖锐，边缘具不规则锯齿。叶基心形，叶柄细长	花冠漏斗状，直径 3 ~ 5cm，常见蓝紫色或淡粉色，喉部颜色较深。萼片披针形，被短毛	茎表面密生短柔毛，分枝性强，可快速攀附篱笆、树干等支撑物
打碗花	打碗花属	叶片三裂，基部戟形，全缘或微波状，无毛	花钟状，淡紫色或淡红色，花冠裂；花梗长于叶柄，苞片宽卵形（0.8 ~ 1.6cm）	全株无毛；茎匍匐或低矮缠绕
五爪金龙 ※	番薯属	叶片掌状 5 深裂，裂片卵状披针形，全株无毛	花漏斗状，直径 4 ~ 6cm，淡紫色或白色；萼片边缘干膜质，苞片早落	茎细长，具细棱或小疣状突起；缠绕性强
三裂叶薯 ※	番薯属	叶片三裂，裂片披针形，全缘或浅波状，无毛	花冠漏斗状，淡红色或淡紫红色，直径约 1.5cm；聚伞花序腋生	茎匍匐或缠绕；全株无毛

※ 被列入《重点管理外来入侵物种名录》。

旋花

Calystegia sepium

田旋花

Convolvulus arvensis

圆叶牵牛

Ipomoea purpurea

裂叶牵牛

Ipomoea hederacea

打碗花
Calystegia hederacea

五爪金龙

Ipomoea cairica

三裂叶薯

Ipomoea triloba

Erigeron canadensis

21

这个入侵者
有点
小可爱

小蓬草

菊科飞蓬属　一年生草本
高 50 ~ 100cm　花期 5 ~ 9 月
入侵植物 / 药用 饲草 / 广布

夏季野草多，小蓬草就是特别常见的一种。路边、田野、草原、河滩，到处都有它的身影。它们一丛丛抱团生长，虽然寻常，却总是能吸引人的目光。

从其种加词 canadensis 就可以看出，它老家在加拿大，所以又叫加拿大蓬，又名小白酒草、飞蓬。根纺锤状，茎直立，花朵白色，很清秀。叶片多且密集，交替互生，犹如草棚上的蓬草一样。

小蓬草 1860 年首次在山东烟台被发现，后逐步扩散至全国。它具有很强适应能力，全年产种，产量大，并且种子扩散能力很强，毛茸茸的种子像杨絮一样，只要一阵清风，就能扩散到很远的地方，所以繁殖快，能迅速占据大片土地，被列入《重点管理外来入侵物种名单》。它们破坏入侵地的生物多样性，也是害虫的中间宿主，有利于害虫的繁衍。还可以通过分泌化感物质的方式来抑制临近其他植物的生长发育。

它是一种中草药，具有清热利湿、散瘀消肿的功效，常被用于治疗痢疾、肠炎、肝炎、胆囊炎、跌打损伤等疾病。如果在野外不小心划伤，只需要将它捣碎敷在伤口上，可以很快止血。小蓬草的嫩茎和叶子也可作为饲料使用。但小蓬草生态危害性远大于其局部利用价值，需以防控为主。

Celosia argentea

22

风热 目疾
它在行

青葙

苋科青葙属　一年生草本
高 30 ~ 100cm　花期 5 ~ 8 月
入侵植物 / 药用 饲草 / 广布

阳春三月，几场春雨后，嫩嫩的青葙苗就从庄稼地里钻出来，这是打猪草的姑娘最爱采的植物，全身光滑不扎手，也是猪钟爱的美食。

《本草纲目》中很详细地描述了它的形态特点：青葙，生田野间。嫩苗似苋，可食，长则高三四尺，苗、叶、花、实与鸡冠花一样无别，但鸡冠花穗或有大而扁或团者，此则梢间出花穗，尖长四五寸，状如兔尾，水红色，亦有黄白色者。子在穗中，与鸡冠子及苋子一样难辨……

因为像鸡冠花，青葙在很多地方被叫作鸡冠苋，别名还有鸡髻花、鸡公花和红鸡冠等。青葙广泛分布于世界各地的热带和亚热带地区，耐热不耐寒；在海拔 20 ~ 1500m 的平原、田边、丘陵、山坡等环境中，都能见到青葙的身影。

青葙原产于非洲热带地区，在唐朝以前引入中国，目前在我国广泛分布，对生态和农业构成一定威胁，为入侵类外来物种，但它的价值远大于其危害性。青葙具有燥湿清热、杀虫止痒、凉血止血之功效，还能治疗痢疾等病症。种子青葙子有清热明目作用。

Trifolium repens

优秀
也很霸道

23

白车轴草

豆科车轴草属　多年生草本
高 10 ~ 30cm　花期 5 ~ 10 月
入侵植物 / 改良 药用 饲草 / 广布

说白车轴草是植物界优秀的“斜杠青年”一点也不夸张：作为牧草，蛋白质含量吊打普通杂草；作为蜜源，年产蜜量能让蜜蜂喊“老板大气”；作为绿肥，它的根瘤菌团队能免费给土壤施肥；作为草坪植物，有着绝佳的抗压属性，被踩踏后反而长得更密。现代科研还发现它含黄酮类化合物，民间偏方里常用它来煮水消炎。

白车轴草原产于欧洲和北非，虽然中国古籍里查无此草，但它在西方早就是“传说级网红”。凯尔特人相信找到四叶变异株就能开启幸运之门。白车轴草和酢浆草在中国就是“平替版幸运草”。

但如此优秀的选手，也有让人困扰的地方——它侵占性强，抑制本地植物（如蚕豆）生长，降低生物多样性，形成单一优势群落。它于 1908 年首次在我国云南被发现，后因作为绿肥、牧草及观赏植物被广泛引种，而被《中国入侵植物名录》列为 2 级入侵植物（严重入侵类）。

Datura stramonium

24

天使还是魔鬼？

茄科曼陀罗属　一年生草本
高 60 ～ 150cm　花期 6 ～ 10 月
入侵植物 / 改良 药用 / 热带

曼陀罗

曼陀罗的名字是来自于梵文 mandala 的音译。原产于北美洲，花朵在夏季绽放，修长的喇叭状很是特别，英文中有个俗名叫作 devil's trumpet（魔鬼的喇叭），花朵有白色、黄色或奶油色和紫色。因为结着带刺的果实被叫作 thorn apple（刺苹果），但它不能吃，全株有毒，有强烈的致幻作用，可以作为药草。曼陀罗的主要活性成分之一是阿托品，几个世纪以来一直用于传统医学，常常用作麻醉剂。曼陀罗中存在的这些有毒反应其实是植物抵御危险的天然防御。

曼陀罗原产于墨西哥或中美洲，早期作为药用植物引进中国。它适应性强，单株可产数千粒种子，播种后 7 ～ 10 天即可发芽，可在贫瘠土壤、干旱或盐碱化环境中存活，并分泌化感物质（如生物碱）抑制邻近植物生长，破坏本地生态系统平衡。尽管它具有部分利用价值，但其生态危害性远超局部效益，被《中国入侵植物名录》列为 2 级入侵（严重入侵类）。

Veronica persica

25

阿拉伯婆婆纳

车前科婆婆纳属　一年生或二年生草本
高达 50cm　花期 3 ~ 5 月
入侵植物 / 药用 观赏 / 林下

阿拉伯婆婆纳原产于西亚及欧洲，所以名字带有“阿拉伯”。它还有个常用别名“波斯婆婆纳”，都告诉了我们它的老家地址。而叫“婆婆纳”是为什么呢？它的心形果实很像老婆婆用来收纳针的针垫（婆婆纳）。

阿拉伯婆婆纳的茎密生两列柔毛，卵圆形具锯齿的叶片交互而生（叶互生）。它最大的特点就是那蓝宝石般的小花，每一朵花都只有黄豆般大小，四个圆嘟嘟的花瓣，上面还有深蓝色条斑，像极了蓝色大脸猫。可别小瞧这些蓝色“胡须”，它可是指引传粉昆虫来采蜜传粉的指示斑。

阿拉伯婆婆纳和婆婆纳是同科属小姐妹。婆婆纳的花朵更小一点，花色以淡粉和白色为主，虽然也有蓝紫色，但是花色很淡。更明显的区别在于阿拉伯婆婆纳的花梗明显长于叶状苞片，而婆婆纳的花梗比苞片短，会感觉它的花包在叶里一样。

别看它长得一副岁月静好的模样，实际上阿拉伯婆婆纳是外来入侵物种，因繁殖迅速，难以斩草除根，而成为庄稼人眼里的“害人精”。

阿拉伯婆婆纳全草可入药，其味辛、淡，性温。有温肝肾、益气、除湿的功效。此外，它的花小巧可爱，可作观花地被，片植于公园、庭园、边坡等绿地以增添野趣，也可应用于花坛、花境。

Crassocephalum crepidioides

羞涩的入侵者

26

菊科野茼蒿属　多年生草本
高 20 ~ 120cm　花期 7 ~ 12 月
入侵植物 / 可食 药用 饲草 / 林下

野茼蒿

野茼蒿味道和茼蒿有点像。据传红军长征途中，因缺粮常采此野菜充饥，因此也叫革命菜。夏末秋初，野茼蒿成熟的种子像蒲公英一样，经风一吹会四处飘散，固又名满天飞。

野茼蒿花未开时很像烟管斗，也垂着头。从 7 月开始就启动了花期，但橙黄、橙红的花冠像打不开似的，其实它开放了就这样，因为头状花序里的小花全是管状花。

在许多国家，比如印度、加拿大等地，它早就是一种臭名昭著的害草了。我国也早已把野茼蒿列入了入侵物种名单。

不过，野茼蒿在我国也并不是一无是处，它是一种不错的家畜饲料。

据《本草纲目》记载，野茼蒿具有清热解毒、利尿消肿、消食化积、镇痛止咳的功效，尤其是缓解便秘、助消化、调理肠胃的天然药方，所以在民间又被叫作“养胃草”。野茼蒿还是极品野菜，含有淡淡的菊花香味，吃起来虽然有点苦味，可是口感清脆、味道清香。

Abutilon theophrasti

27

华夏植物界初代『打工人』

锦葵科苘麻属　一年生草本
高 1 ~ 2m　花期 6 ~ 10 月
入侵植物 / 可食 药用 / 广布

苘麻

苘麻原产印度，但在我国被记录的时间非常早。《诗经》《周礼》直接称“麻”，如《诗经》中“硕人其颀，衣锦褧衣”，褧通“苘”；而“丘中有麻，彼留子嗟”“东门之池，可以沤麻”均指苘麻；《唐本草》正式定名“苘麻”，《本草纲目》记载为“白麻”，《植物名实图考》称为“青麻”。

苘麻民间还叫塘麻、车轮草等，为锦葵科苘麻属的亚灌木状草本，能长到一两米高，茎秆富含纤维。叶片较大，墨绿色，类似心形。黄黄的小花儿挺好看。而半球形的蒴果更有特色，由一折一折的竖棱褶皱组成像磨盘一样的形状，民间叫它“苘饽饽”，许是因为它的果实看起来像个做工精致的“饽饽”。

苘麻生长周期短，适应性强，曾是救荒作物，北方民谚云：“苘麻长三寸，饿不死庄户人”。苘麻纤维曾是中国北方主要的纺织原料，制成的麻绳、麻袋耐磨耐腐。全草入药，《本草纲目》记载其“清热解毒，利湿退黄”，种子（苘麻子）可治痢疾、痈肿。

Solanum carolinense

带刺 带毒

不好惹

28

茄科茄属　多年生草本
高 30 ~ 100cm　花期 6 ~ 9 月
入侵植物 / 改良 观赏 / 林下

北美刺茄

听名字就知道它是从北美洲移民来的。跟茄子一样属于茄科茄属家族，但和咱们平时吃的茄子可不一样，首先就体现在它的嚣张霸道，现在是令全球多地头疼的外来入侵物种。

带刺也是它的典型特征，小枝上布满了硬刺。身高能长到 1 米多，白色花儿倒是小巧而精致，所以也具有一定的观赏性。最需要注意的是它的果实，看上去小小的不起眼，却是有毒的！

虽然让人头疼，但它在一些领域还是有着自己独特的价值。比如，在一些科学研究中，被用来作为研究植物入侵机制和生态影响的模型物种。此外，由于它具有较强的适应性和繁殖力，在一些生态修复项目中有时也会考虑利用它的这些特性来改善土壤环境或恢复植被。

05

蜜源植物

虫鸟共舞的生命银行

蜜蜂的餐厅

如果把植物界比作美食街，那每朵花就像是一家餐厅。它们给昆虫、鸟等顾客提供美食——花粉，花蜜，顾客回馈的方式不是给钱，而是充当快递员，为其快递花粉，助其延绵子嗣。

一般的花朵餐厅和顾客都遵循着这样的规则——我给你吃的，你给我传递花粉。但是就像人类的餐馆一样，花朵餐厅一样“良莠不齐”，有的甚至是“黑店”，比如很多兰花。它们用特殊的方法招揽来顾客，如招牌（花瓣）尤其醒目，或者气味令人上头，却让人家空着肚子离开餐厅。毕竟只要顾客光顾再离开，花粉传递就完成了。

但是有一类植物——蜜源植物，绝对是花朵餐厅中的“良心店家”！与其他植物相比，它们开花量大、花蜜含量高，而且对蜜蜂的胃口。蜜蜂除了能自己吃饱喝足，还可采集这些植物的花蜜和花粉来酿造蜂蜜，供人类享用。

适合蜜蜂传粉的植物花朵通常具有以下协同进化特征，通过形态与功能适配吸引蜜蜂并提高传粉效率。

视觉吸引机制

鲜艳花色与紫外线标记：花朵多呈黄色、蓝色、紫色等明快色调，部分花冠基部或花瓣表面带有紫外线反射斑纹，这些人类不可见的“蜜导”图案可引导蜜蜂精准定位花蜜。

大而显著的花冠：花瓣扩展成明显蝶形、钟形或唇形结构（如豆科、唇形科植物），便于蜜蜂降落并识别。

嗅觉与化学信号

挥发性芳香物质：花朵释放单萜类、苯丙素类化合物（如芳樟醇、丁香酚），形成独特香气吸引蜜蜂远距离定位。

花蜜分泌节律：蜜腺在日间（蜜蜂活跃时段）持续分泌含糖量 15% ~ 50% 的蜜露，部分植物花蜜含氨基酸以增强蜜蜂访花频率。

花粉适配结构

高黏性花粉粒：花粉外壁具脂质层与黏性蛋白，可牢固附着于蜜蜂体毛；花粉粒直径多大于 25μm，形态多刺突或网状纹饰（如十字花科、菊科植物），以增加附着力。

雄蕊运动机制：部分植物（如鼠尾草）雄蕊具杠杆结构，蜜蜂触碰时可主动将花粉弹射至其背部。

形态功能适配

对称性与蜜距匹配：辐射对称或两侧对称花型（如豆科蝶形花）与蜜蜂体型契合，花冠筒长度与蜜蜂口器（约 5 ~ 7mm）匹配，确保有效接触花粉。

集群开花效应：伞形花序、头状花序（如菊科植物）通过密集小花形成视觉吸引团块，提升蜜蜂单次访花效率。

防御与互利平衡

物理防护设计：花瓣基部常具茸毛或鳞片，防止盗蜜昆虫破坏花器，但保留足够空间供蜜蜂进入。

化学互利信号：花蜜中含微量咖啡因等生物碱，可增强蜜蜂记忆并促使其重复访花。

典型代表植物

经研究发现，"良心店家"主要集中在以下科属植物。

1. 豆科（Fabaceae）。以紫云英、苜蓿、车轴草、胡枝子等为典型代表，其蝶形花冠结构便于蜜蜂采蜜，花蜜含糖量高。

2. 唇形科（Lamiaceae）。以薄荷、薰衣草、迷迭香、百里香、益母草、丹参、荆芥为典型代表，其轮伞花序密集，挥发油成分（如薄荷酮、芳樟醇）赋予花蜜特殊风味。蜜腺深藏于筒状花冠底部，吸引长吻蜂类，形成独特的"药蜜共生体系"。

3. 蔷薇科（Rosaceae）。如苹果、梨、桃、杏、樱桃、山楂、野蔷薇、月季等，其单瓣花型蜜腺暴露，早春开花为蜂群提供越冬后首批营养补给。

4. 菊科（Asteraceae）。向日葵、蒲公英、菊花、蓟类、鬼针草等菊科植物的头状花序由众多小花组成，蜜腺分布于每朵筒状花基部（如向日葵单株可分泌 1 ~ 2kg 花蜜）。部分野生菊科植物（如秋菊）在晚秋开花，延长蜜蜂采蜜期。

5. 十字花科（Brassicaceae）。油菜、芥菜、萝卜、荠菜是春季最大蜜源之一。蜜中硫代葡萄糖苷成分赋予其辛辣余韵。

6. 无患子科（Sapindaceae）。荔枝、龙眼等热带特色蜜源，花蜜富含果糖（荔枝蜜果糖占比超 45%），高温高湿环境仍能稳定分泌花蜜。

7. 山茶科（Theaceae）。如油茶、茶树等冬季（10 ~ 12 月）开花，填补蜜源空窗期。油茶蜜含茶多酚等抗氧化物质。

8. 杜鹃花科（Ericaceae）。蓝莓、越橘、杜鹃等高海拔或寒温带蜜源，花蜜含独特酚类物质（如杜鹃蜜中的梫木毒素需脱毒处理）。蓝莓花钟状结构限制传粉，依赖熊蜂等特殊蜂种。

9. 其他重要科属

禾本科（Poaceae），如玉米、高粱等，以花粉源为主；椴树科（Tiliaceae），如椴树等，顶级蜜源，蜜质浓稠如脂；胡麻科（Pedaliaceae），如芝麻等，蜜粉双丰，但花期短；五加科（Araliaceae），如椴叶槭等，东北特有蜜源。

在所有花粉“快递员”中，蜜蜂绝对是主力军。据统计，世界上每三朵花里至少有一朵靠蜜蜂来传粉繁殖。花朵和蜜蜂的默契配合，如同齿轮与发条的咬合，数万年来，驱动着整个陆地生态系统的能量流动与物质循环。如果蜜蜂消失，整个生态系统会像多米诺骨牌一样，连环倒下。

而现在，人类工业化正在摧毁这个古老的系统！

首先是农药污染。农药破坏蜜蜂神经系统。即使低剂量接触，也会导致蜜蜂丧失导航能力、记忆混乱，无法返回蜂巢，还会影响幼蜂发育。

其次是蜜蜂栖息地的破坏。城市化、单一化农业扩张导致野生蜜源植物减少，如大面积种植单一作物（如万亩油菜田），导致蜜蜂长期摄入单一类型花粉，类似人类只吃一种食物，蜜蜂失去多样化的食物来源（花粉与花蜜），营养失衡使其抗疾能力下降。植物多样性丧失也会导致野生传粉昆虫（如熊蜂及独居蜂类）数量锐减，加剧蜜蜂的传粉压力。生态链断裂后，害虫天敌减少，进一步迫使人类加大农药使用，形成恶性循环。

第三是气候变化干扰。气温异常导致植物花期紊乱，与蜜蜂活动周期不同步。极端天气（如早春寒潮）可能摧毁刚苏醒的蜂群，而高温干旱则使花朵蜜腺分泌减少。

保护蜜蜂，我们该行动了！

首先是减少农药依赖，推广生物防治技术，避免在花期喷洒农药。

其次是重建生态廊道：在城市与农田保留野花带，多种植本地蜜源植物。比如在云南的橡胶林，林间套种的蜜源植物野藿香。青藏高原的荒漠化治理中，种植囊距紫堇的地块，地表固沙能力提升。对于我们普通人来说，可以在家庭阳台种植几棵薄荷、罗勒等开花植物，别小看这一举动，这相当于给蜜蜂开 24 小时便利店。

蜜源植物与蜜蜂的共生，本质是地球生物链的原始契约。当我们在城市种植一株荆条，或在农田保留一片野花，修复的不只是某个物种的生存空间，更是整个生态金字塔的基座。

柳叶菜花

Erysimum amurense

『垂果侠』

十字花科

01

十字花科糖芥属　一年生或二年生草本
高 30 ~ 60cm　花期 6 ~ 9 月
蜜源植物 / 药用 / 广布

糖芥

大脑袋糖芥四片橘色的花瓣在蓝天的映衬下，有种澄澈的温暖和舒服的甜。果柄斜展，长长的角果有棱角，四棱，最上面带着宿存的花柱，能看出柱头两裂。茎生叶无柄，基部近抱茎，具波状浅齿或近全缘。花瓣有细脉纹，基部具长爪，雄蕊近等长，叶子和萼片上都密布丁字毛糖芥大概有种魔力，只一眼，就让人念念不忘。

糖芥最早生长在中亚一带，随着丝绸之路传入我国，最初只是把它当成牛羊的饲料，后来人们发现这种植物具有很高的药用价值，将它归到中草药的范围。现在它的足迹几乎遍布北方各地，无论是在寒冷的东北三省，还是在荒芜的西北高原，都能找寻到这种植物的身影。

糖芥属于一种寒性药材，枝叶和种子皆可入药，具有镇咳平喘和利尿强心的功效。在临床应用中，糖芥的枝叶主要用于呼吸系统疾病的治疗，比如肺火过旺引起的久咳不止，以及痰多气短等。而它的种子则是利尿强心的良药，尤其是对久病造成的心力不足，以及心悸气短等症，均有明显的治疗效果。糖芥还能促进胃肠道的蠕动，在和其他药物搭配之后，能够治疗食积不化和脾胃不和等。

此外，糖芥花型小巧精美，色泽绚丽夺目，既有蝴蝶兰的柔美，又带有几分迎春花的热情，具有很高的观赏性，可作为观赏植物栽培种植。

Epilobium hirsutum

粉红
小可爱，
也是实力派

02

柳叶菜科柳叶菜属　多年生草本
高 30 ~ 100cm　花期 6 ~ 8 月
蜜源植物 / 药用 观赏 / 广布

柳叶菜

因为它的叶片修长似柳树叶，所以得名。但在不同的地方有着不一样的叫法。在西北称为水丁香、地母怀胎草；而东北人称它为水窝窝草，或者是绒棒紫花草。因为柳叶菜在开花时，萼片就如同一层层的鱼鳞，在华北一带，人们叫它鱼鳞草。

如果按照生长习性的划分，柳叶菜属于一种阴性植物，它天生具有喜阴怕光的特点，一般生长在山谷下、河岸边或者灌木林里。只要雨水充足，它的长势很快，茎秆直立细长，在茎秆的上端常常产生分枝。凑近看，你会发现整个植株的茎秆和叶片表面都覆有一层细小的茸毛。

当 6 月入夏时，柳叶菜就进入了花期，细长的花梗会从靠近植株顶端的叶腋长出来。花朵虽小，但是颜色亮丽，呈或深或浅的粉紫色，吸引蜜蜂传粉。在夏末，结出了又长又窄的种子荚。待种子荚干枯卷曲，会自动爆开，释放出毛茸茸的种缨。小种子们就附着在这些种缨织成的降落伞上，像蒲公英一样随风飞向远方。

柳叶菜嫩叶可食。根或全草入药，具有清热解毒和消炎镇痛的功效，主要治疗风火牙痛和咽喉肿痛，对女性月经不调也有辅助治疗作用。此外，柳叶菜花型奇特，植株姿态优美，且香气宜人，为世界广泛应用的园艺植物。

Elsholtzia densa

花房 蜜蜂的

03

唇形科香薷属　一年生草本
高 20 ~ 60cm　花期 7 ~ 10 月
蜜源植物 / 药用 观赏 / 山坡荒地

密花香薷

密花香薷作为唇形科香薷属的一员，常与香薷一同被提及。香薷在古代文献中被用来治疗感冒发热等症状，而密花香薷作为香薷属的植物，也被赋予了相似的药用价值。

密花香薷主根较短，侧根数量多，根系入土较浅但覆盖面积较大。初见密花香薷，你会以为遇到了“薰衣草”，那一片浪漫的蓝紫色，让人着迷。茎四棱形而且有槽，叶片为长圆状披针形或椭圆形，缘在基部以上呈锯齿状。花朵毛茸茸的，像一条紫色的毛毛虫，有一股浓烈的香味，略似紫苏，但香味清凉更近薄荷。比起其他香薷，密花香薷的花序更加密集，且密被紫色串珠状长柔毛。因为花序密如蜂窝，像极了蜜蜂的花房，于是又多了个昵称——“蜜蜂草”。

密花香薷全草入药，具有治疗夏季感冒、发热无汗、中暑、急性胃炎、胸闷、口臭、小便不利之功效。藏医用全草治胃病、疮疥、梅毒性喉炎，并能驱虫。同时，密花香薷也是中国秋季重要蜜源植物之一，对繁殖越冬蜂、采集越冬蜜有重要经济价值。其挥发油成分具有一定的药用价值。

Tussilago farfara

04

至冬而生花，止咳小行家

款冬

菊科款冬属　多年生草本
高 5 ~ 10cm　花期 3 ~ 4 月
蜜源植物 / 药食同源 观赏 / 林下 山谷湿地

《本草纲目》中记载了款冬名字的由来：款者至也，至冬而生花。数九寒冬，几乎所有植物都在寒冷中沉睡，款冬以黄艳艳的小花打破了冬天的沉寂。

款冬别名还有款冬花、冬花、虎须、九尽草、九九花等，它的花和同为菊科植物的蒲公英长得特别像，只不过款冬开花的时候没有叶子，要等花谢之后才长出来。叶片呈心形或肾形，表面覆盖着细小的白色茸毛。花茎比较胖，肉肉的，花瓣更细更柔，有点儿像一年蓬。

款冬和日本款冬是同科不同属的两种植物，常常有人把它们混为一谈。日本款冬是指蜂斗菜属的蜂斗菜，株高可以达到 2 ~ 3 米，款冬高度在 5 ~ 10 厘米。虽然体型上相差悬殊，但它们的茎叶却有着同样的独特香味。

款冬是一种药食同源的草本植物，它的花蕾和幼嫩叶柄可以用来食用，也可以入药，具有润肺下气、止咳化痰等功效。在大名鼎鼎的蜜炼川贝枇杷膏的成分表里，就有它的名字，民间有“知母、贝母、款冬花，专治咳嗽一把抓”的说法，可见款冬花在治疗咳嗽上非同一般。

款冬也具有观赏价值，适合盆栽栽培。此外，它是很好的早春蜜源植物。款冬花茶也是一种非常有名的花茶。

Ixeridium dentatum

05

吃过它的苦后就是甜

小苦荬

菊科小苦荬属　多年生草本
高 10 ~ 50cm　花期 4 ~ 8 月
蜜源植物 / 可食 药用 / 林下

每年开春，地里的小草一露头，如果三五天内再下上一场淅淅沥沥的小雨，小草们就会噌噌地往上长。于是，两三朵淡绿的野菜也就冒了头。最先偷看世界的，小苦荬是其中之一。它也是早春蜜源植物。

小苦荬，名字听起来就像是邻家小妹，带着一丝丝青涩与苦楚，却不失纯真与可爱。其茎秆纤细，叶子却宽大而翠绿。每到花期，它那金黄色的花朵便如同点点繁星，点缀在绿叶之间，惹人怜爱。但你要是尝尝它的叶子，那苦苦的味道，可能会让你瞬间“清醒”。

俗话说，良药苦口，苦味的植物一般都有清热泻火的药效。《本草纲目》里记载着小苦荬的药用价值，说它能清热解毒、凉血消肿。

在民间，人们会在春天采集小苦荬的嫩叶制作各种美食，现代医学研究发现它含有丰富的营养成分和药用价值，如维生素 C、胡萝卜素、矿物质等，对人体健康有着诸多益处。此外，小苦荬还被广泛用于化妆品和护肤品中，因为它具有抗氧化、保湿和舒缓肌肤的功效，有很高的应用前景。

Pedicularis resupinata

06

会审视自己的
『回头客』

返顾马先蒿

列当科马先蒿属　多年生草本
高达 30 ~ 70cm　花期 6 ~ 8 月
蜜源植物 / 药用 / 高原

“返顾”，好像这种植物会反思审视自己——它的花冠扭旋，像极了回头张望的姿势，也宛如公鸡的鸡冠一样，惟妙惟肖，十分可爱。花色泽艳丽，气味芳香，整个花序花团锦簇，吸引无数昆虫前来吸吮花蜜，是夏、秋季优良的蜜源植物。蒴果斜长圆状披针形。株形也很美，叶青翠碧绿，可用于花坛、花境及水景的绿化，也可以作切花。

返顾马先蒿分布非常广泛，在中国黑龙江、吉林、辽宁、内蒙古、山东、四川、贵州等省区都有分布。此外，它还分布在欧洲、朝鲜和日本等地。生长在海拔 300~2000 米的湿润草地和林缘。

返顾马先蒿根及茎叶入药，味苦性平，可治疗风湿关节痛、小便不利、砂淋、尿路结石、带下病、疥疮等。此外，它的幼株可作饲料，花可制茶。

Saussurea iodostegia

我家在
高山，
是菊不是莲

07

菊科风毛菊属　多年生草本
高 30 ~ 70cm　花期 7 ~ 9 月
蜜源植物 / 药用 观赏 / 山坡草地

紫苞雪莲

别看它的名字里带着“雪莲”二字，就以为它是天山雪莲的亲戚，其实它只是一种生长在高山上的多年生野草。因为属于菊科风毛菊属，又叫紫苞风毛菊。它喜潮湿、凉爽和强光照，常生长在海拔 3600 ~ 4800 米的风化带和雪线上的石隙、砾石及砂质湿地等恶劣环境，因此也很少有人能够一睹它的真容。

紫苞雪莲的个头不算高，一般在 30 ~ 70 厘米。其根状茎横走，茎直立，带紫色，被白色长柔毛。不同的位置叶子形态不一样，基生叶线状长圆形，茎生叶向上渐小，披针形。宽钟状苞片是它的标志，苞片就像是它的盔甲，保护着里面那些暗红色、紫黑色的管状花。与同家族的苞叶雪莲和膜苞雪莲相比，紫苞雪莲的苞片更大，而且形状也不一样。

紫苞雪莲虽然不是天山雪莲，但其药用价值并不低。在民间，它一般用于风湿性关节炎、阳痿、肺寒咳嗽等症状。随着现代医学的发展，紫苞雪莲在抗炎镇痛、抗早孕、抗衰老和抑制癌细胞增生等应用上也受到重视。

紫苞雪莲是高原重要的蜜源植物，其蜂蜜口感独特，品质上乘。

Orychophragmus violaceus

春日信使
蓝色的

08

诸葛菜

十字花科诸葛菜属　二年生草本
高 10 ~ 50cm　花期 4 ~ 5 月
蜜源植物 / 可食 观赏 / 林下

你或许没有听说过诸葛菜，但你一定知道二月蓝吧，二月蓝就是诸葛菜另外一个名字。这是春天里开花很早、很常见的一种地被植物，农历二月前后开蓝紫色的花朵，所以被大家称为二月蓝，它是早春非常好的蜜源植物。这个名字的由来传说和诸葛亮有关。相传当年诸葛亮带兵打仗，有一次遇到粮草接济不上，正发愁时，发现当地的百姓在吃一种叫"蔓菁"的野菜，茎叶都能吃，还能做成腌菜，就让士兵们多种这种野菜，补充了军粮，后来人们就把它叫作了诸葛菜。

诸葛菜很皮实，对土壤条件要求不严，而且开花早，尤其是成片种植时效果极佳，成为紫色花海，特别适合公园、城市的绿化美化。更为可贵的是，诸葛菜还能食用，将其嫩茎用开水焯过，再在冷水中泡下，去除苦涩味，可做一道美味的野菜。有研究表明其亚油酸含量较高，对人体极为有利，具有开发价值。

Tephroseris kirilowii

09

化瘀消肿小能手

菊科狗舌草属　多年生草本
高 20 ~ 60cm　花期 2 ~ 8 月
蜜源植物 / 药用 / 山坡草地

狗舌草

山野草木的名字，很多都是民间人们根据它们叶子、根或者整体的形态来起的，有的虽然粗糙，但形象而贴切，比如这篇的主角，因它的叶子长得像狗舌头，故而得名“狗舌草”。

菊科家族的狗舌草全株都长满了白色蛛丝状的茸毛，相较于其他野草来说，最有特点的是它的叶子，其叶子为卵状长圆形，采摘下来自然下垂的样子看起来就像是狗吐出来的舌头一样。它的花为明亮的黄色，格外引人注目，深受蜜蜂的青睐。

狗舌草在我国分布较广，除了西北地区之外，其他省份均有分布，多生长于海拔 250 ~ 2000 米的草地山坡、山顶阳处或松栎林下、灌丛内。

狗舌草是我国民间的传统药用植物，特别是在西南的民间较常用，全草入药，有清热解毒、利尿、杀虫、活血消肿的作用，可用于口腔炎、疖肿、尿路感染、小便不利等问题。尤其是消肿有特效。

Senecio scandens

10

带给人光明的『眼科医生』

千里光

菊科千里光属　多年生草本
高 30 ~ 80cm　花期 8 月至翌年 4 月
蜜源植物 / 药用 / 南方广布

传说有个猎户家的两个女儿眼睛不太好，后来用了一种小黄花煮水眼睛，结果眼睛就好了。于是，这种神奇的小草就被叫作“千里光”。

千里光是菊科千里光属的多年生攀缘草本植物，最高可达 5 米。它的茎木质化，叶片呈卵状披针形，边缘有不规则的锯齿。花期在秋冬季节，10 月到次年 3 月，花顶生，头状花序，黄色的小花在深秋时节绽放，为大自然增添了一抹亮色。小花散发着淡淡的香气，看起来就像是一朵朵小菊花。不过啊，你可别把它当成菊花来摘。

宋代的《本草图经》中提道：“千里光与甘草煮作饮服，退热明目。”千里光以其清热解毒、清肝明目、皮肤湿疹等方面的卓越功效而闻名。它可用于治疗感冒发烧、咽喉肿痛、口腔溃疡等热性疾病，还能有效降低体温，清除体内毒素。此外，千里光还可用于治疗湿疹、皮炎等皮肤炎症性疾病。

千里光广泛分布于中国南方地区，从西南到长江以南各地，如云南、贵州、江西、浙江、广西广东以及湖南等地，都能见到它的身影。特别是在湖南邵阳一带，深秋时分道路两旁随处可见其金黄色的花朵，是秋季蜜源植物。

千里光还有一个同胞姐妹——林荫千里光，它相对千里光来说要害羞一些，喜欢躲在高海拔的森林里，花更密集（复伞形花序），花瓣更纤长。

Senecio nemorensis

森林之光

11

林荫千里光

菊科千里光属　多年生草本
高 30 ~ 100cm　花期 6 ~ 12 月
蜜源植物 / 药用 / 广布

“识得千里光，一世不生疮”，这是小时候常听老人们说的谚语，说的就是林荫千里光的药用作用。现代研究中，也被证实它全草可入药，含有生物碱等有效成分，对多种细菌有抗菌作用，具有清热解毒的功效，常用于治疗热痢、眼肿、痈疖疔毒等病症。

林荫千里光是菊科千里光属的多年生草本植物，每年夏秋，郁闭的林荫下，它金黄色的花朵星星点点，照亮整个森林。在各种典籍中对它也有着丰富的记载，别名众多，如千里及、九里明、一扫光等。在《百草镜》中，被描述为“此草生山土，立夏后生苗，一茎直上，高数尺，叶类菊”。现在广泛分布于中国大部，包括新疆、吉林、河北等地，国外则在日本、朝鲜、俄罗斯西伯利亚和远东地区、蒙古及欧洲等地有分布。

同千里光一样，林荫千里光也是蜜蜂喜欢的植物，是秋季难得的蜜源植物之一。

走遍世界就是为了奉献

12

豆科野豌豆属
山野豌豆 / 广布野豌豆 / 救荒野豌豆

野豌豆家族

野豌豆家族成员很多，比如广布野豌豆、山野豌豆、狭叶豌豆、多茎野豌豆等。野豌豆家族是一种综合利用价值极高的植物，可谓奉献高手。《广志》一书中记载："苕草青黄，紫花，十月初下种，蔓延其殷，可以美田，叶可食。"野豌豆是优良的绿肥绿饲，可以肥田，嫩叶时能够作为牛羊等动物的青草饲料，在生态治理以及土壤改良等方面均能够发挥积极的作用；花期可以作为蜜源植物，其种子淀粉含量高，是很多鸟儿所喜欢的；全草可入药。下面是三种常见的野豌豆特征对比。

特征	山野豌豆	广布野豌豆	救荒野豌豆
学名	*Vicia amoena*	*Vicia cracca*	*Vicia sativa*
花序形态	总状花序松散，花色较淡（如浅蓝紫色）	总状花序密集，小花偏向一侧排列，紫红色	花单生于叶腋，紫红色或玫紫色，具红唇状旗瓣
叶片特征	小叶线形或披针形，叶片较狭窄	偶数羽状复叶，小叶宽卵圆形，顶端卷须分 2 ~ 3 支	小叶长椭圆形，顶端平截或微凹，卷须发达
果荚形态	果荚短小，种子数量较少	果荚前端具尖喙，种子多粒	果荚细长，成熟后变黑色，种子圆球形
生境分布	山区、林缘或贫瘠土壤区域	湿润草地、田埂，中国南北广泛分布	农田、荒地、林缘，适应性强

山野豌豆

Vicia amoena

广布野豌豆

Vicia cracca

救荒野豌豆

Vicia sativa

Rosa laevigata

13

『带刺侠』山野

金樱子

蔷薇科蔷薇属　攀缘灌木
高可达 5m　花期 4 ~ 6 月
蜜源植物 / 药用 可食 观赏 / 向阳的山野田边 溪畔灌丛

相传汉朝时，一位名叫金樱子的少年将军以英勇善战而闻名，后来，人们为了纪念他，便将这种植物命名为金樱子。宋代诗人丘葵在《金樱子》中写道:“采采金樱子，采之不盈筐。”描绘了人们收获金樱子的场景。

因为浑身是刺，在湖南、广西等地，金樱子也被叫作“刺果儿”。它被人喜爱首先是因为果子能入药，具有固精缩尿、涩肠止泻的功效，可用于治疗滑精、遗尿、小便频数、脾虚泻痢等病症。其次是好吃有营养，其果实中含有丰富的糖、氨基酸、脂肪酸、维生素 C、矿物质等，目前已在果汁饮料、复合饮料、固体饮料、果酒等的开发研究中得到应用。

金樱子的颜值也非常高，可开发作为观赏植物。它属于蔷薇科蔷薇属的常绿攀缘灌木，虽然有刺，但白色单生于叶腋的花，清秀可人，花开蜂围蝶阵，非常美丽，是非常受蜜蜂喜爱的植物。

金樱子偏爱温暖湿润、阳光充足的环境，我国江苏、湖南、广东、浙江、湖北等多地都有分布，喜向阳的坡地和排水良好的土壤。

参考文献及华夏草木典籍选荐

一、先秦（汉代以前）：本草启蒙

1.《诗经》（约前 6 世纪）

《诗经》305 篇记载植物 143 种，“采采芣苢”的歌声里飘荡着先民对植物的最初认知。

2.《山海经》（约战国至汉初）

载录草木百余种，虽多奇幻色彩，却为后世本草学埋下伏笔。

二、汉唐：体系初成

1.《神农本草经》（西汉—东汉，约公元前 1 世纪—2 世纪）

中国现存最早的药物学经典，后世所有本草著作的源头（如《本草纲目》首列药物均参考此书分类），被尊为“本草之祖”。收录植物药 252 种，分上、中、下三品，记载药物性味、功效及产地，奠定中药“四气五味”理论。

关于《神农本草经》的起源，观点和争议很多，《本草纲目》中记载了掌禹锡和寇宗奭的观点：掌禹锡认为，汉代以前是师徒口传，后来由张仲景等名医整理成书；寇宗奭则认为，黄帝时代的岐伯才是《本草经》最初的开创者。他们都同意这是一部融合上古智慧与后世补充的经典医书。

2.《南方草木状》（晋·304 年）

作者嵇含（一说为托名）。记录了岭南地区植物 80 种，分草、木、果、竹四类，详述如茉莉、槟榔、荔枝的形态与用途。其为中国第一部地方植物志，开创植物地理学先河，宋代以后多部植物志仿其体例。

3.《齐民要术》（北魏·约 533—544 年）

作者贾思勰。古代农业百科全书，涵盖谷物、蔬菜、果树等 150 余种作物的栽培、嫁接、病虫害防治技术。其系统总结汉代至北魏的农业经验，后世农书（如《农政全书》）多受其影响。

4.《新修本草》（唐·659年）

苏敬等20余人奉唐高宗敕令编撰。世界上首部国家药典，收录药物844种（新增114种），首创图文对照形式。为唐代至宋代官方医学教材，流传至日本、朝鲜，推动东亚本草学发展。

5.《茶经》（唐·760—780年）

作者陆羽。世界首部茶学专著，详述茶树种植、茶叶加工及饮用方法，记载唐代42种产茶区。推动中国茶文化传播，日本、韩国茶道均受其影响。

三、宋元：百花竞放

1.《本草图经》（宋·1061年）

作者苏颂集天下药草于尺素，在《嘉祐本草》基础上增补，收录药物780种，绘制933幅药物图谱，标注植物形态与产地。其为中国首部全国性药物图谱集，元代《本草衍义》、明代《本草纲目》均引用其图文。

2.《证类本草》（宋·1108年）

作者唐慎微整合《嘉祐本草》《本草图经》等书，收录药物1558种，附方3000余条。是明代《本草纲目》的核心参考版本，宋代至元代医药学的权威著作。

3.《陈旉农书》（宋·1149年）

作者陈旉。内容分三卷，论土壤改良、水稻种植、蚕桑养殖，提出“地方常新壮”的土壤肥力理论。首部系统总结南方农业技术的专著，影响元代《王祯农书》等后世农书。

4.《全芳备祖》（宋·约1253—1256年）

作者陈景沂。其以文学笔法写草木性情，梅兰竹菊自此有了人格化的文化基因，是宋代花谱类著作集大成性质的著作。著名学者吴德铎先生首誉其为“世界最早的植物学辞典”。

5.《农桑辑要》（元·1273 年）
元朝司农司撰写的一部农业科学著作。将植物栽培技术系统化，见证本草学向农学的智慧分流。

四、明清：集大成者
1.《救荒本草》（明·1406 年）
作者朱橚（明太祖第五子），因亲历民间疾苦，潜心研究可食野生植物，以解饥荒之困。为救荒植物学的开山之作。收录植物 414 种，其中 276 种为历代本草未载新物种，按草、木、米谷、果、菜五大类系统分类；开创性采用“图谱 + 性状描述 + 食用方法”体例，每种植物均配工笔绘图，详述形态特征与烹饪方式；建立中国首个“皇家植物园”，亲自栽培观察四百余种植物，实证精神超越前人。

2.《二如亭群芳谱》（明·1621 年）
作者王象晋（万历进士，浙江右布政使）。明代博物学集大成之作。内容涵盖天时、谷物、蔬果、花木、药材、禽鱼等 28 卷，将实用农业技术与文人雅趣结合；收录《茶经》水品等跨界知识，体现“以物明志”的文人情怀，序言称其“非止录草木，实寄胸中丘壑”。

3.《滇南本草》（明·1436 年）
作者兰茂（明代云南隐士）。中国首部地方性本草专著，较《本草纲目》早 142 年，记载 544 种药物，含大量云南特有植物如板蓝根、三七等；融合少数民族医药经验，记录彝药、傣药等独特疗法，填补中原医学空白。

4.《本草纲目》（明·1593 年）
作者李时珍。为药物学与植物学的双峰巨制。虽以药学立本，但系统记载 1094 种植物，首创“纲目分类体系”影响后世植物分类学；通过田野考察记录植物生态习性，如描述银杏“二更开花，随即凋落”等细节。

5.《花镜》（清·1688 年）
作者陈淏子（号西湖花隐翁），专注观赏植物与果树栽培，提出土壤改良、嫁接繁育等关键技术；附载鹤鱼谱，开创中国园林动植物综合研究的先河。为古典园艺学的巅峰。

6.《本草备要》（清·1694 年）
作者汪昂。内容精简本草学知识，收录常用药用植物 470 余种，简述性味、主治与配伍。通俗易懂，是清代医家入门必读书。

7.《广群芳谱》（清·1708 年）
汪灏等奉康熙帝敕令编修。内容在明代《群芳谱》基础上扩充，收录草本、木本、花卉、谷物等植物上千种，详细记载植物的形态、栽培技术、用途及诗词典故，兼具科学性与文学性。
特点：清代官方权威植物百科，侧重园艺和农业应用。

8.《本草纲目拾遗》（清·1765 年）
作者赵学敏。内容补充《本草纲目》未收录的 716 种药物（含大量植物），新增民间草药、外来物种（如金鸡纳、烟草）的药用记录。首次系统整理清代新发现植物，推动本草学发展。

9.《植物名实图考》（清·1848 年）
作者吴其濬。记载植物 1714 种，分谷类、蔬果、草药等 12 类，绘图精确，纠正前人对植物名称与实物的混淆（如“冬葵”与“冬苋菜”）。中国古代植物学的集大成之作，图文并茂，影响近代植物分类学。

五、近现代（19 世纪末至 21 世纪初）

（一）现代植物学奠基之作（20 世纪上半叶）

1.《中国植物名录》（1930 年）

作者胡先骕（中国植物学之父）。其为首部采用西方分类学体系整理的中国植物名录，奠定现代植物分类学研究基础。

2.《中国药用植物志》（1936 年）

作者裴鉴、周太炎。结合传统中药学与现代植物学方法，记载药用植物 600 余种，附手绘精细插图。

3.《中国植物图鉴》（1937 年）

作者贾祖璋、贾祖珊。其以通俗图文普及植物知识，首次系统整合科学分类与民间植物利用经验。

（二）综合性学术巨著（20 世纪中后期）

1.《中国植物志》（1959—2004 年）

主编：钱崇澍、胡先骕等牵头，全国数百位学者参与。

体量：80 卷 126 分册，记载 3 万多种植物，涵盖分类、分布、生态信息，被誉为“植物界的《四库全书》”。

2.《中国高等植物图鉴》（1972—1983 年）

出版：中国科学院植物研究所

特点：收录近 1.5 万种高等植物，配手绘图 9000 余幅，是野外考察和教学的核心工具书。

3.《中国植被》（1980 年）

主编：吴征镒

突破：首次全面分析中国植被类型与地理分布规律，提出“中国植被区划”理论。

（三）当代研究与数字资源（21 世纪）

1.《中国药用植物志》（2005—2018 年）

出版：中国科学院

内容：12 卷本，整合分子生物学与传统药效研究，收录药用植物 1.1 万种，代表当代最高水平。

2.《Flora of China》（1994—2013 年）

作者：中美等多国学者联合编撰

意义：英文修订版《中国植物志》，更新分类并纠正历史错误，全球植物学研究标准参考。

3. 数字平台

（1）“中国植物图像库”（PPBC）

收录植物照片超 400 万张，实时更新物种信息。

（2）“中国数字植物标本馆”（CVH）

整合全国 500 万份植物标本数据，支持在线检索。

拉丁学名索引

图书在版编目（CIP）数据

山野草木绘真 . ① / 花园时光编 . -- 北京 : 中
国林业出版社 , 2025. 7. -- ISBN 978-7-5219-3183-9
Ⅰ . Q94-49
中国国家版本馆 CIP 数据核字第 2025W05K34 号

出 版 人：王佳会
责任编辑：印芳
内文设计：刘临川
排　　版：李佳琦 李云清

出版发行：中国林业出版社
（100009，北京市西城区刘海胡同 7 号，电话 83143565）
电子邮箱：cfphzbs@163.com
网　　址：https://www.cfph.net
印　　刷：鸿博昊天科技有限公司
版　　次：2025 年 7 月第 1 版
印　　次：2025 年 7 月第 1 次印刷
开　　本：880mm × 1230mm　1/32
印　　张：10
字　　数：300 千字
定　　价：98.00 元